澤田純
NTT代表取締役社長

パラコンシステント・ワールド

次世代通信IOWNと描く、
生命とITの〈あいだ〉

The Paraconsistent World

NTT出版

はじめに

ＮＴＴは２０１９年、フォトニクス＝光技術を中心とした超高速大容量通信ネットワーク基盤、ＩＯＷＮ（アイオン：Innovative Optical and Wireless Network）構想を発表しました。これは、ネットワークから端末まで、すべてに光の技術を導入した「オールフォトニクス・ネットワーク」と、実世界とデジタルの世界をつなぎ、未来予測などを実現する「デジタルツインコンピューティング」、そして、あらゆるものをつなぎ、その制御を実現する「コグニティブ・ファウンデーション」という三つのレイヤーからなる情報社会基盤構想です。

その役割、機能を一言でいえば、ＩＯＷＮは「新しい社会インフラの一部」であり、「環世界をつなぐメディア」であると私は考えています。

２０２０年に米国に設立したIOWN Global Forumもすでに80社をこえる参加をいただいており、さまざまなパートナーとともに実現と標準化に向けた議論、協業を始めています。

本書では、このＩＯＷＮ実現とＩＯＷＮにより実現する社会に向けて、生物学者の福岡伸一先生と「生命とＩＴ」について、京都大学第26代総長で人類学者の山極壽一先生、哲学者の出口康夫先生と「グローバルとローカル」について、ＴＲＯＮの生みの親でコンピュータ科学者の坂村健先生と「技術と思想」について、美学者の伊藤亜紗先生、ＮＴＴコミュニケーション科学基礎研究所の渡邊淳司さんと「身体とＩＴ」について、それぞれお話をさせていただきました。さまざまな分野の先生方との対話を通じて、私たちの構想が想定する社会のありようや考えていくべきことに、大いなる示唆をいただいたのではないかと思っています。先生方には、この場を借りて深く感謝申し上げます。

ＩＯＷＮが持続可能な社会構築の一助となるよう、私たちは今後もさまざまな分野の方々との対話を重ねていく所存です。本書を手に取っていただいた皆さまには、ＩＯＷＮ構想の背景にある考え方を理解していただき、ウェルビーイング（Well-being）への想いを強くしていただければたいへん幸いであります。

パラコンシステント・ワールド

目次

第Ⅱ部

第 I 部

IOWNビジョン
〈あいだ〉の思想とテクノロジーへ

1 現代に立ち現れたさまざまな矛盾
――パンデミックや自然災害からの教訓

パンデミックで露呈した既存の社会の限界

いま、私たち人類は、未曾有の危機に直面しています。新型コロナウイルスによるパンデミックは、いまだ収束が見通せず、次々に立ち現れる変異株に世界が翻弄されています。急激な気候変動による大規模な自然災害も、日本のみならず世界各地であとを絶ちません。これらの厄災は、テクノロジーによって自然を制御・支配することをめざしてきた人間への、自然からの応答と言えるでしょう。次々に私たちを襲う困難を乗り切るためには、従来のやり方だけではとうてい解決不能であり、いままでの常識にはなかったような対策が不可欠であると感じています。

たとえば、ここ十数年、日本をたびたび襲い、甚大な被害をもたらしてきた自然災害や福島の原発事故などでは、安全に十分に配慮をしたはずの構造物もインフラも街も、「想定外」の災害に無残に破壊され、多くの尊い命や人々の暮らしが失われてきました。なぜ、同じようなことが繰り返し起こり、被害を未然に防いだり、最小限に食い止めたりすることができないのか――。

まさに人類はいま、未来を予測することがはなはだ難しい時代に生きています。そろそろ私たちは、**100％の安全神話などないことを理解し、一方で、近代化以降、信奉し続け、発展してきた現在の科学技術だけではすくいきれないものを認識して、新たな思想や科学、テクノロジーを模索しなければならない**ときに来ているのではないでしょうか。

■人類史の観点から――パンデミックは世界を変えてきた

歴史を振り返ってみれば、かつて人類は交易や領土拡大などによる人の移動を機に、いくつものパンデミックを経験し、そのたびに多くの人命が失われ、世の中の姿を大きく変えてきました。

14世紀、モンゴル帝国が勢力を増すなかで整備されたシルクロードを経由して、ヨーロッパへペスト（黒死病）が伝播した際には、ヨーロッパの全人口の3分の1もの人が亡くなったと言われています（もっと多かったと唱える学者もいます）。また、15世紀半ばから始まった大航海時代では、大陸間の交流を契機に、さまざまな感染症が各地へ伝播し、とくに新大陸ではヨーロッパ人の入植により天然痘が大流行して多数の先住民が亡くなり、アステカ帝国やインカ帝国の滅亡につながりました。

その間、世界の覇権はモンゴル帝国（13〜14世紀）からスペイン帝国（15〜17世紀）へ、さらには宗教改革をリードし、多くのスペイン人が移動したオランダ（17世紀）へとシフトしていきました。18世紀になると産業革命を成し遂げた英国が覇権を握ることになりますが、このとき、アジアから欧州、米国へと伝播したのがコレラです。その後、第一次世界大戦下ではスペイン風邪が猛威をふるい、全世界で5000万〜1億もの人が亡くなったと言われています。

このように、パンデミックは世界の覇権に大きな影響をもたらし、世の中の姿を劇的に変えてきたと言えます。今回のコロナ禍においてもまた、ソーシャルディスタンスが求められるなかで、社会のあり方、グローバル経済のありよう、さらには求められるテクノロジーの姿も根底から問い直されています。はたして、我々はどこへ向かうべきなのか、大きな転換点を前に、いま、人類は重大な選択を迫られていると言えるでしょう。

■ きっかけは「トレードオフ」への違和感

そもそも私自身が、現代の社会のありようにそこはかとなく違和感を覚えるようになったのは、大学時代のことです。大学では土木工学を専攻しましたが、土木工学の基本思想として最初に叩き込まれたのが**「トレードオフ」**という考え方でした。たとえば土木工事の場合、複数の選択肢から最適と思われる方法を選びながら進めていきます。ただし、その根底にはトレードオフの考え方があって、一方を立てれば、もう一方が成り立たないという、二律背反的なジレンマをつねに抱えています。

たとえば、河川に架かる橋を架け替える計画であれば、川の規模や流量、地形、地質、気象、風、地震への備えといった、その場所の持つさまざまな自然条件に加えて、大型の自動車の交通量や橋の利用のされ方、経済性などを勘案して、重視すべき点に重きを置きながら構造や材料などを決めていきます。ただし、強度を高めれば、当然、コストも上がってしまうので、強度を高めつつ、コストを下げることはできません。それ自体は、現代の科学技術の本流とも言える基本的かつ合理的な考え方であり、人間が文明を築くために必要不可欠な思想として、当初は疑問に感じることはまったくありませんでした。

このとき必要になるのが、その土地や自然条件を詳しく知ることですが、古い橋にひずみゲージなどをつけて計測しても、自然のなかに置かれた橋のすべての挙動を把握するには至りません。当時は、いずれ技術が進歩すれば、より多くの要素を精密に計測することが可能になり、もっと最適な選択ができるようになるだろう、と考えていました。それはまさに、現代で言えば無数のモノの状態をセンシングして可視化しようとする、ＩｏＴ（モノのインターネット）がめざす世界の姿と重なります。

しかし、現実の世界は複雑かつ矛盾だらけで、真の姿を捉えようにも一筋縄ではいきません。現在のテクノロジーをもってしても、現実世界をそのまま写し取ることはできていないのです。

さらに１９９０年代後半に、さほど英語もできないなかで米国に赴任した際に、これまで人間社会のなかでさまざまな場面で用いられてきた二元論だけではうまくいかないと思うようになりました。ちがう言語、文化を持つ人同士が膝を突き合わせて、合意形成や意思決定をしていくには、二項対立や二元論だけでは、とうてい解決できない問題が厳然としてあります。

もしこのとき、AかBかで臨むならば、相手を説得するか、相手に合わせるしか選択肢はありません。それではまちがいなく、のちに禍根を残すことになるでしょう。米国には米国独自の、日本には日本独自の文化や規範があり、それぞれのローカリズムを認識したうえで議論に臨まなければ、物事を進めることはできません。お互いにとってより良い姿を模索するためには、**たんなるトレードオフでもなく、二元論でもない、第三の道**を選ぶことが肝要だ、と徐々に思うようになりました。

自然は壊れる——しなやかなテクノロジーの必要

ふたたび土木工学に目をやると、実はかつての日本では現代の土木工学とはまったく異なる思想で治水が行われてきたことに気づきます。

現在の河川の多くは、上流にダムや遊水池をつくって水を一時的にため、掘削して流れを整え、ときに川幅を広げたり、流れを付け替えたり、放水路を築いたりして、堤防をできる限り高く盛り、河川敷をコンクリートなどで補強するといった護岸工事を行うことで洪水を防いでいます。川底にたまった土砂をかき出す浚渫《しゅんせつ》工事なども行われています。

その際の基準となるのが、河川流量や降水量などの水文量[1]であり、時間当たりの雨量にどこまで耐えられるのかをあらかじめ想定したうえで、堤防の高さや護岸の仕様などを決めていきます。このときに、50年に一度、あるいは１００年に一度、来るかどうかという大雨を、確率によって計算しながら治水計画を進めていくことになります。これは、津波を想定した防潮堤の設計などにおいても同様です。すなわち、想定した災害の規模に基づき、この範囲までなら壊れないという強度を備えた構造物として設計をしていくわけです。

ところが近年、気候変動の影響により、１時間当たりの降雨量が50㎜をはるかに超えるような大雨の発生件数が増加しています。従来、一つの基準とされてきた時間雨量50㎜では対応しきれなくなり、毎年のように各地で洪水被害が発生している状況です。東日本大震災に至っては、１０００年に一度とも言われる大災害が発生したことで、想像を絶する被害がもたらされました。もっと防潮堤を高くしておけばと悔やまれるかもしれませんが、まさに従来の土木工学の観点から言えば、「想定外」だった

1　土木・環境用語。雨量、水位、流量などを指す。

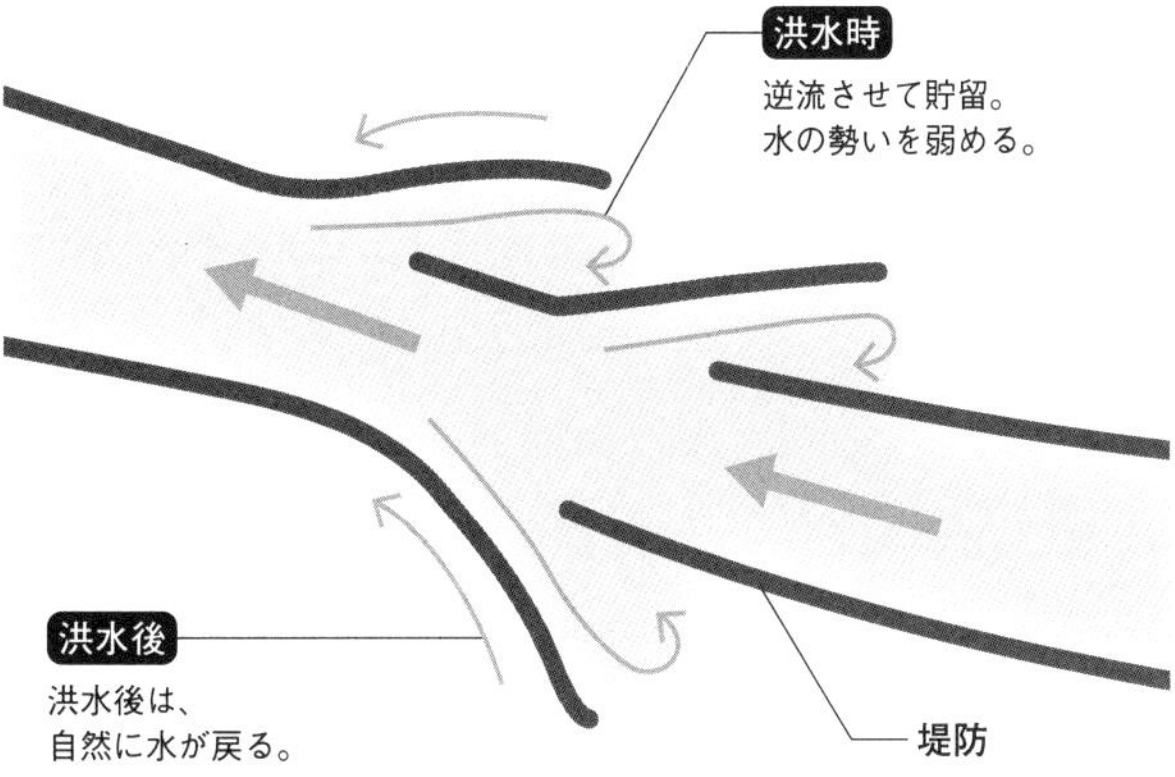
洪水時
逆流させて貯留。
水の勢いを弱める。
洪水後
洪水後は、
自然に水が戻る。
堤防

図1　霞堤のしくみ

というほかありません。

一方、日本にはかつて、自然災害に対してもっと柔軟でしなやかな考え方がありました。その象徴とも言えるのが、「霞堤《かすみてい》」と呼ばれる堤防です。霞堤とは、堤防のある区間に開口部を設けつつ、上流側の堤防と下流側の堤防が二重、三重に重なるように築いた不連続な堤防で、戦国武将の武田信玄が考案したと言われています。この構造により、氾濫時には氾濫水や内水を河川に誘導して被害拡大を防いだり、河川から溢れた水を遊水させて、河川の水位上昇を一時的に緩和して越水を防いだり、川の外に逃した水が緩衝となって溢れた水の勢いを弱めたり、さらには洪水時に堤に挟まれた部分に水たまりができることで多くの生物が待避できる場としても機能してきました。つまり霞堤は、ある程度は水が溢れることを想定しながらも、被害を最小化し、さらには自然環境に配慮した治水の姿を体現していると言えます。

明治期以降の近代化とともに徐々に失われてきた霞堤ですが、近年の頻発する洪水被害を機に、いまふたたびその存在が見直されています。その背景には、もはや「想定内」は存在せず、100%の安全がないことを前提に、新しい設計思想へシフトしようという動きがあります。

もちろん、昔の治水の方法にそのまま戻すということではないでしょう。これまでのように、頼みの堤防が壊れてしまったら次の手の打ちようがないというやり方ではなく、**どこかが壊れても全体として対処できるような冗長性**や、**不確実なことや想定外なことが起こってもなんとかうまく対処できるような柔軟性**を備えた**新しいテクノロジー**、それを支える**新しい思想が必要**なのだと思います。

さらには、パンデミックにおいてソーシャルディスタンスが求められるなかで、人と人との密な接触機会を低減するような、建物や部屋の大きさの基準、道路や歩道の幅、公共交通のあり方を含めた都市やインフラのデザインも併せて見直していく必要があるのではないでしょうか。

コロナ禍が問うたデジタルとアナログの〈あいだ〉

そうしたなかで近年、災害やパンデミックへの備えとして、デジタル化やデータの利活用、ＡＩ（人工知能）に大きな期待が寄せられています。過去に起こった膨大な災害データなどを活用しながら、将来起こり得る災害を予測して危機管理に役立てたり、時事刻々と変わる状況をリアルタイムで把握して避難指示に役立てたりするなど、データ利活用やＡＩの導入は社会の持続的発展においてきわめて強力な手段になり得ます。

今回のコロナ禍においても、ＩＴへの依存度が一気に高まりました。遠隔通信（オンライン）がこれまで以上に広く活用されるようになり、オフィス勤務から在宅勤務へ、対面授業からオンライン授業へといったかたちで定着しつつあります。さらには、新型コロナウイルス接触確認アプリに代表されるように、接触機会を可視化して、個人向けに注意喚起を行う取り組みも始まっています。長引くパンデミックは、社会のデジタルシフトを否応なく加速し、さらなる「**リモートワールド**」[2]の充実を促すことになるでしょう。

しかし一方で、現状のオンライン会議では対面する人と視線が合わなかったり、発言のタイミングがとりづらかったりして、リアルに対面したときよりもスムーズな会話がしにくいと感じることがあります。オフィスの廊下での立ち話のように、偶然の会話も生まれにくい。オンラインではセレンディピティ[3]が起こりにくいように、他者とリアルに場を共有して交わす会話と遠隔の会話とでは、明らかなちがいがあります。

コロナ禍においては、病床のご家族との最期の別れに立ち会えないという悲劇も起こりました。デバイスの画面を通じて会話をするなど、医療現場でもさまざまな工夫が試みられましたが、現状のデジタルデバイスでは、臨終のときに寄り添う道具にはなり得ないのかもしれません。**パンデミックは、人が「生きている」と感じるリアリティは何に根ざし、何に「価値」を置いて生きてきたのかを強く問いかける契機**となっています。

もちろん、悪いことばかりではありません。オンライン化が進展したことでこれまでなら多忙で顔を出せなかった国際会議に参加できるようになり、移動時間を気にす

2 サイバー空間を活用した分散化社会。

3 偶然の出会い、予想外の発見。

ることなく、世界中の人たちと気軽に議論を交わすことができるようになりました。通勤時間がなくなり、仕事と子育てや介護などを両立しやすくなった方も大勢いらっしゃいます。さらには、いままで不登校だった子どもたちが、オンライン授業になってから画面越しに登校して、積極的に発言もできるようになったという話も聞きます。

フランスの地理学者オギュスタン・ベルク[4]は「風土学」という学問領域を切り拓き、そのなかで、「日本の風土の特徴として『間《あいだ》』がある。縁側は、外と内の『間』であり、そのような空間を利用することで、全体の矛盾を超越している」と指摘しています。私たちも、現状のデジタルテクノロジーによって解決できることは何か、解決できないことは何か――**デジタルで「できること」と「できないこと」の「あいだ」を考えていく**ことが、非常に大切でしょう。もちろん、デジタルテクノロジーによって、新たに気づかされた価値もあります。一方で、デジタルテクノロジーが生活や社会の諸制度を大きく変えていくことで生じるさまざまな問題については、**技術の専門家だけでなく、価値や倫理の問題に取り組む人文の専門家とともに考えていくことが重要**になってくると思っています。

4［1942―　］環境と人間の不可分の関係に根ざす存在論を「風土学」として展開。和辻哲郎『風土』、ギブソンの生態心理学などの影響の下、自然科学（生態学）の実証主義的アプローチと解釈学的なアプローチとのあいだの認識論的に中間的な位置をとる。主体と客体の分断を超える「通態」を提唱。

「デジタル対アナログ」の対比を超えて

当然のことながら、通信においてもここ数十年はデジタル化が重要な課題となってきました。NTTもアナログ信号である音声をいったんデジタル化することで雑音などを取り除き、再現性のあるクリアな音を安定的に伝送することに注力してきました。このデジタル化に当たって行うのが、サンプリング（標本化）と量子化です。すなわち、アナログ信号である音声の波としての情報を、短い時間に切り分けて（サンプリングして）、それを量子化によってコンピュータで扱えるよう離散的な数値（不連続な数）に置き換えます。このプロセスを経ることで、安定的に音声を復元できるようになるのです。

アナログデータをデジタルデータへと変換する際に、どのくらいの間隔でサンプリングすればよいかを定量的に表したのは、情報量の単位としてビット（bit）を初めて用いたことで知られる米国の数学者、クロード・シャノンです。[5] シャノンは標本化定理により、波形の最大周波数の2倍を超えた周波数でサンプリングすれば、完全に元の波形を再現できることを数学的に証明しました。これは情報理論分野においてもっ

5［1916－2001］米国の数学者・電気工学者。1948年、「通信の数学的理論」を発表。ビット（bit）による情報単位の定義やエントロピーを用いた情報量の計算などによって情報理論を基礎づけた。

とも重要な定理の一つであり、現在のデジタル社会の基盤を支えるきわめて重要な理論と言えます。

この理論に従って、たとえばCDの場合であれば、人間の可聴域とされる20kHzより少し余裕を持たせた44・1kHz（1秒間に44100回）／16bitでサンプリングしています。一方、より高精細なハイレゾ（High-Resolution Audio）音源の場合は、96kHz／24bitといった具合に、より細かくサンプリングをします。そもそも、人間は20kHz以上の音を聞くことができない（諸説あります）と言われているので、ハイレゾには意味がないという人もいますが、ハイレゾ音源に臨場感のある音を感じる人が多いことを考えると、CDのサンプリングの際に何か抜け落ちたものがあると言えるでしょう。実際に、可聴域をはるかに超えた高周波が人間の脳に良い影響をもたらすという説を唱える学者もいるように、サンプリングに際して捨象したもののなかに、その音声の本質的な「何か」が含まれている可能性はあります。つまり、デジタルの際のスペックを上げていく（データ量を上げる）ことで、これまでは実現し得なかったような新しい体験を人間にもたらすことができるようになる可能性があるのです。

さらに近年、アナログ音源によるLPレコードの人気が再燃しつつあります。アナログ音源のほうが音に丸みがあり、耳に心地よく、癒しを感じられるのだと言います。レコードによる音は、ターンテーブルの回転のゆらぎやレコード盤についた埃や傷による音など、CDには存在しないさまざまな音も含まれています。このようにこれまでは無駄として省かれてきたもののなかにも、もしかすると人の心を動かす「何か」が含まれている可能性があります。そう考えると、**デジタルがいい／アナログがいい、というふうに単純に割り切れるものではない**でしょう。そもそも極限までサンプリングすれば、デジタルとアナログは同じになります。そうなると、そもそも両者を分ける意味もなくなってきます。現状のテクノロジーによる両者のちがい、そのあいだ（境界）を改めて問い直す必要があるでしょう。

土砂災害などの前兆として、「土の腐ったような臭いがした」「いままでに聞いたこともないような地鳴りのような音がした」などと言われることもありますが、こうしたものも現状の気象モニタリングでは扱ってこなかった情報でしょう。これまで捨象されてきた微かな兆候、さらには人間が感知できないような微細な情報、リアルな場の空気感なども含めて、数値化できないものとして、あるいは意味のないものとして捨象してきたものを改めて検証し、丁寧にすくい上げていく営みが必要なのだと思います。

■ シンギュラリティはやって来ない

ＡＩにも限界があります。

近年、飛躍的にＡＩの精度を向上させるのに貢献している深層学習[6]（ディープラーニング）は、過去の膨大なデータから統計的な手法に基づいてパターンを見つけ出したり、知識を結びつけたり、論理的に推論することで適切な答えを導き出します。すでに画像認識や音声認識、自然言語処理では実用化に供されているＡＩも数多くあり、囲碁に代表されるように、ある領域ではいまや人間のトッププロをも凌ぐ能力を備えたＡＩも登場しています。今後は、言語を超えたコミュニケーションや自動運転、医療診断支援、介護ロボットなど、さまざまな分野でＡＩが導入され、私たちの暮らしを支えていくことになるでしょう。

しかし現状のＡＩは過去の膨大なデータから学習するため、前提条件をはるかに超えるような想定外のことには役立ちません。またＡＩは人間のような直感や常識、暗黙知などを持ち合わせていないため、もし、ＡＩに人間のような判断を期待するので

6 人間の神経細胞のしくみを再現したニューラルネットワークを用いた機械学習の手法の一つ。多層構造のニューラルネットワークを用いる。画像認識、音声認識、翻訳など、さまざまな分野で活用されている。

あれば、それらをすべてデータとして記述して与える必要がありますが、いまだにその手法は見出されていません。さらに、現状のＡＩは「意味」を理解しているとは言えそうにありません。翻訳アプリがそれなりに使えるのは、対応する言葉を膨大に集めた辞書を備えているからであって、ＡＩが言葉の意味そのものを理解したうえで翻訳しているわけではないのです。しかも、現在ブームの深層学習を利用する場合、中身の大部分がブラックボックスとなることから、どうやって答えを導き出したのかを詳細に説明できない場面が数多くあります。ＡＩは人工知能と言われながら、ラーン（学習）はできてもシンク（考える）はできないのです。

それでも現在、さまざまな分野でＡＩが普及し、世の中に受け入れられつつある背景には、半世紀以上にわたる論理ＡＩやニューラルネットワーク[7]、エキスパートシステム[8]などによるＡＩ開発の歴史を経て、その限界を知るなかで、ある意味、導き出される答えの厳密性を捨てて、ＡＩがどうやってその答えを導き出したのかという説明を諦め、たとえ確率論であってもそこその結果を出してくれたらいい、というある種の割り切りがあると言ってもいいでしょう。

１００％の安全神話が存在しない以上、たまにまちがった結果を出しても、それな

7 人間の脳内にある神経細胞（ニューロン）とそのつながり＝神経回路網を人工ニューロンという数式的なモデルで表現したもの。

8 素人や初心者でも専門家レベルの問題解決が可能となるよう、その領域の専門知識をもとに動作するコンピュータシステム。

りに使える道具であれば、役立つ場面は多くあるでしょう。また近年は、深層学習の中身をホワイトボックス化し、答えを導出した道筋を説明できるようなＡＩの開発も進められています。しかし現状は説明可能なＡＩも、人間のように汎用的に何でもできるＡＩ（強いＡＩ）[9]も存在しません。ある分野に特化したＡＩ（弱いＡＩ）ならいざ知らず、**基盤となる社会インフラや人間の生命や価値観などに関わる部分に関してもAIを導入していってよいのかどうか**、悩ましいところです。

こうした状況を見ると、米国の未来学者レイ・カーツワイル[10]が著書『ポスト・ヒューマン誕生――コンピュータが人類の知性を超えるとき』（ＮＨＫ出版、２００７年）で唱えたように、２０４５年に人間を凌ぐ知性を持つＡＩが誕生するとはとうてい思えません。たとえコンピュータの演算処理能力が人間の脳の計算処理能力を超えたとしても、必ずしも**シンギュラリティ**[11]**はやって来ない**だろう、というのが私の考えです。

そもそも私たち人間は古《いにしえ》より、物事を言葉や論理（ロジック）によって切り取り、体系化し、論理を追究することでその本質を理解しようとしてきました。その原点にあるのが万学の祖と言われる古代ギリシアの哲学者アリストテレス[12]の思想であり、現代の自然科学もその哲学の延長に発展してきたものと言えます。

9　米国の哲学者のジョン・サールが考案した用語。強いAIとは、人間の知能に近い機能を持つAI。弱いAIとは、人間の知能の一部に特化した機能を持つAI。与えられた仕事は自動的に処理できるが、想定外のことには対応できない。画像処理、言語処理、将棋、囲碁ソフトなど、現在、世の中で導入が進んでいるAIのほとんどは弱いAI。

10　［1947―　］発明家、実業家、未来学者。著書『ポスト・ヒューマン誕生』で、指数関数的な進化によって2045年に人間文明はシンギュラリティを迎え、遺伝子工学、ナノテクノロジーなどにより人間は不死の身体を手に入れる……といった未来予測を記して話題となる。

11　技術的特異点(technological singularity)の略。人工知能が人類の知能を超え、社会が大きく変わる転換点を意味する。

しかし、複雑な対象をロジックで切り取ろうとすると、言葉や数式に置き換えられないものや分類できないものなど、必ず抜け落ちてしまうものがあります。従来、ロジックで切り取ることができなかったものは理解できないものとして捨象されてきました。森羅万象をあまねく観察記述し、すべてをロジック化することは、現在の科学技術の粋を集めても不可能です。データの数を増やし、解像度を上げていけば、それなりに対象に近づくことはできるでしょうが、現状のやり方のままではそのものの本質を解き明かすことはできないでしょう。

一方、シンギュラリティ論者は、森羅万象のすべてをデータで記述できるという考えに立脚しています。イスラエルの歴史家ユヴァル・ノア・ハラリ[13]もその一人で、世界的ベストセラーとなった『ホモ・デウス――テクノロジーとサピエンスの未来』[14]（河出書房新社、2018年）のなかで、データとアルゴリズムに支配される「データ至上主義」の未来社会の到来を予見しています。はたしてそのような未来は訪れるのでしょうか。もしくは、そうした未来が訪れたとして、私たちはそれを良しとして受け入れるのでしょうか――。

12 ［前384－前322］ソクラテス、プラトンと並ぶ古代ギリシア最大の哲学者。知的探求全般を指した当時の哲学を、倫理学、自然科学をはじめとした学問として分類し、それらの体系を築いた。このため「万学の祖」とも呼ばれる。

13 ［1976－ ］著書『サピエンス全史』『ホモ・デウス』は、石器時代から21世紀、さらに未来に至るホモ・サピエンスの進化全域を対象としたマクロ・ヒストリーを描いて世界的ベストセラーになった。

14 原著2017年刊行。人類は不死と幸福、神性をめざし、ホモ・デウス＝神のヒトへと自らをアップグレードするというのが題名の由来。

新しいマインドセットとテクノロジーを

情報学者の西垣通[15]教授は、著書『新 基礎情報学――機械をこえる生命』（NTT出版、2021年）のなかで、こうしたAI礼賛やデータ至上主義の考え方の根底には、西洋思想に脈々と受け継がれてきた**「トランス・ヒューマニズム[16]（超人間主義）」**があると指摘しています。トランス・ヒューマニズムとは、新しい科学技術を用いて、人間の身体や認知能力を拡張・向上させて、進化させる思想のことですが、ハラリはさらにAIが人間の脳を模し、アップデートすることで不死や至福、神性をもめざすようになると予言しています。そして、人間がAIによって神（デウス）に近づく、「ホモ・デウス」になると考えるのです（もっともハラリ自身は、こうした未来を手放しで礼賛しているわけではありませんが）。このハラリの考えを西垣教授は、「ユダヤ＝キリスト一神教的な考え」に立脚した思想であると批判しています。それゆえとくに欧米の人々のあいだで、やがてシンギュラリティが到来すると信じる人が多いのだとも指摘しています。

私自身、このようなホモジニアス（同質であるさま）な思考には違和感を感じます。そうした考え方で人類が未来を突きすすめば、ともすれば世界は一色に染まり、多様

15 ［1948－　］東京大学名誉教授。日立製作所、スタンフォード大学を経て、明治大学教授、東京大学大学院情報学環教授。情報の意味作用に着目し、生命・心・社会をめぐる情報現象を統一的なシステムモデルによって論ずる基礎情報学を提唱。

16 テクノロジーで人間の身体と認知能力を進化させ、人間の状況を前例のないかたちで向上させようという思想。

性を失うことにもなりかねません。自然も生物も、そして人間も、多様性そのものが基本にあります。にもかかわらず、多様性をなくす方向に進むとどうなってしまうのか——。

実際に世界のビジネスはいま、データ駆動型社会へと突きすすむなかで、ＧＡＦＡ[17]に代表される巨大プラットフォーマーにパーソナルデータ[18]をはじめとするありとあらゆるデータが集約されつつあり、これらを活用することで巧妙にユーザの思考や行動、コミュニティを操作し始めています。新しいテクノロジーを独占し、思いのままに社会を操ろうとする一部の企業（あるいはエリート）と、知らず知らずのうちにこれらのテクノロジーに隷属せざるを得ない人々、という社会の構図に明るい未来を描くことはできそうにありません。あるいは、中国のようにデータによる監視を強め、統制を図る動きもあります。これは、コロナ禍のような危機への対応には有効な場面もありますが、個から自由を奪うことでもあります。日本はどちらの道に進むことも良しとはしていないでしょう。

第三の道を切り拓くには、新しい思想（マインドセット）と新しいテクノロジー（ツール）が必要です。当然、新しい制度（ルール）やガバナンスも必要になります。つまり、パ

17　ＩＴ企業グーグル、アマゾン、フェイスブック（現・メタ）、アップルの４社の頭文字を並べた通称。世界で支配的影響力を持つ「ＩＴプラットフォーマー」の企業。

18　個人の属性情報、移動・行動・購買履歴、ウェアラブル機器から収集された個人情報を含む。また、現行の個人情報保護法による匿名加工情報を踏まえて、特定の個人を識別できないように加工された人流情報、商品情報等も含まれる。個人情報との境界が曖昧なものなど、個人との関係性が見いだされる広範囲の情報をさす。

ラダイムシフトとゲームチェンジが不可欠なのです。しかしそれは、既存の考え方や既存のしくみを打ち壊すと同時に、これからの社会の未来予想図を大きく塗り替えることを意味します。当然のことながら、多大な困難と痛みを伴う道程になるでしょう。

たとえばNTTは情報通信会社として、半世紀にわたり統合ネットワーク、すなわちISDN（Integrated Services Digital Network）を築くことに注力してきました。つまり、交換機、中継回線、加入者線まですべてをデジタル化して、パケット通信・回線交換データ通信に利用できる世界共通の規格を備えた、全体として統制されたネットワーク網を築いてきたわけです。しかし、これからは、こうした既存の中央集権的なシステム基盤も大きく変えていくことになります。今後は、エッジ（先端）にある個人の多様な価値観を尊重して**パーソナライゼーション**を加速するとともに、一定の秩序と倫理を備えた統制のしくみを組み入れた**新たな公益的なネットワーク基盤**を構築することが求められています。つまり、従来にはなかった**「ヘテロジニアス（異種の）な通信インフラ」**を構築していく必要があると考えています。

2 矛盾を受けとめる〈あいだ〉の思想
——パラコンシステント・ワールドへ

■トレードオフからパラコンシステント（同時実現）へ

未来社会の青図を描くに当たり、これからの日本が進むべき第三の道に求められるのは、**個を重んじつつ、社会を維持していくためのガバナンスのしくみ**や、公益性、言い換えるなら**コモンズ**（**共有地**）**とも言うべき場を同時に実現する**という、きわめて**難しい取り組み**になる、と私は考えています。そのためには、トレードオフによってどちらかを優先し、全体としてたんにバランスをとろうとするのでもなく、あちらもこちらも、どちらも優先するという**「同時実現」こそが重要**でしょう。言うなれば、これは**「パラコンシステント**[19]（**paraconsistent**）**の思想」**と言えます。

パラコンシステントとは聞き慣れない言葉かもしれませんが、二律背反するような

19　矛盾許容論理とも訳される。矛盾に対して耐性のある論理を研究・構築する論理学の一分野。古典的な論理学では一度矛盾が導かれると、その命題は否定され、論理は破綻してしまうが、パラコンシステント論理では、矛盾を含む理論に価値を認め、互いに矛盾する命題を含みながらも理論自体は破綻しない論理の構成をめざす。

事柄に対し、そこに内包されるさまざまな矛盾を許容しつつも双方をつなぐことを意味します。パラコンシステント理論自体は20世紀の初頭から存在していましたが、パラコンシステント（矛盾許容）という用語そのものは、ペルーの哲学者、ミル・ケサダが1976年に提唱したのが最初です。私はこの考え方を押し広げ、たとえ矛盾を含む情報がベースにあるとしても、そこからより良い推論を導き出し、現代社会のさまざまな問題解決の同時実現につなげられないかと考えているのです。

たとえば、AIはプログラムのなかに矛盾した指令があれば途端に動かなくなってしまいますが、人間はそうではなく、さまざまな矛盾を抱えて生きています。生物はアナログな存在だと思われがちですが、DNAを見ればA、T、G、Cの四つの塩基の配列のみで表現できるというデジタル的な側面を持ちますし、脳の神経細胞も発火という、あたかもデジタル信号のようなふるまいによって情報を伝達しています。あるいは生物としての人間は子孫を残すという種の保存を目的としていますが、一方、文化的、社会的な存在としての人間は、個を重んじ、子どもを持たない人の権利も保障しています。

さらに卑近な例として、現在のコロナ禍では、ソーシャルディスタンスが求められさまざまな活動が制限されていますが、一方で持続発展的な経済活動も同時に求められています。すなわち、リモートワールド、分散型社会を実現しつつ経済を回していく必要があります。これは、カーボンニュートラル[20]を進めるうえでもこれからの必須の要件になっていくでしょう。

グローバル経済も同様で、コロナ禍で人の往来は制限されていますが、日本は資源をほとんど持たない国ですから、グローバルな経済活動は不可欠です。グローバルかつローカルな経済活動を両立させるような、**「ニューグローカリズム[21]」**と言うべき新しい視座が必要でしょう。つまり、経済安全保障の面からもローカルを重視するサプライチェーンの組み替えが必須であり、新たなエコシステムを構築する必要がありま す。一方、似た価値観を持ち、信頼できる国家間でつながるような新しいグローバリズムの可能性についても同時に探る必要があると思っています。

そのほかにも公益性と競争性、現場力と経営力、中央集権と自律分散など、いずれも企業活動においてはきわめて重要であり、企業にはその両輪を体現する懐の深さが求められます。そういう意味では、一時期もてはやされた「選択と集中[22]」はもはや時代遅れと言うほかありません。

20 二酸化炭素をはじめとする温室効果ガスの排出量と吸収量を均衡させること。2015年パリ協定の合意に基づき、世界120以上の国と地域が「2050年カーボンニュートラル」という目標を掲げている。

21 グローカルはグローバルとローカルを合わせた造語。グローバリゼーションの影響で地域が多民族、多文化、多言語、多宗教になった状況を言う。ここでの「ニューグローカリズム」は、コロナ後の世界で自国優先主義が台頭し、食糧やエネルギーの自立化など、サプライチェーンの組み替えがグローバルに起こるという認識を指す。

22 1990年代後半〜2000年代にかけて注目された経営改革キーワード。企業の競争戦略上、得意とする、あるいは、得意としたい事業分野を絞り込み、そこに経営資源を集中すること。

しかしなぜ、パラコンシステントでなければならないのか――。

それは**生命としての人間が矛盾を抱える存在**であり、**主観を持つ自律的な存在だからにほかなりません**。森羅万象を神の目のように客観的に捉えようとするのが現在の自然科学のありようと言えますが、実際には人間が人間の知覚器官を通して世界を主観によって認識し、理解し、行動している以上は、それはあくまでも人間の目を通して見て認識した一つの世界の姿でしかありません。すなわち、客観的な世界というのは存在せず、主体の主観を通した観察しかできない、ということになります。対象が物質的なものであればまだしも、**観察対象が生命や自然、さらには人間の思考や価値観などの内面にまでおよぶとき、物質に対するのと同じような客観的かつ機械論的な態度でそれらを理解し、コントロールしようとするのはそもそも無理があるの**ではないでしょうか。

先に見てきたように、ロジックとデータだけで機械論的に世界を認識しようとするディストピアへと突き進む前に、**私たちは人間が矛盾を抱えて存在する生命であるということを前提にして、大きな方向転換を図る必要がある**と思っています。

「環世界」への理解が新しい基盤のカギ

生命や自然を対象とするときに持つべき視点として私が注目しているのは、ドイツの生物学者、フォン・ユクスキュル[23]が『生物から見た世界』のなかで提起した、**「環世界[24]」(Umwelt)**という概念です。残念ながら、現在の生物学ではあまり顧みられていない考えですが(情報系の一部ではふたたび注目されてはいますが)、情報化社会における人と人とのコミュニケーションを考えるうえで、環世界は示唆に富む世界観を提示していると思います。

ユクスキュルは、生物はけっして機械などではなく、ダニにはダニの、ヤドカリにはヤドカリの、ウニにはウニの固有の世界があると言います。たとえば、ダニは光と、獲物である動物が発する酪酸、そして獲物にうまく接触できたときの温度の刺激を頼りに、獲物の体に取りついて血を吸うことで生を全うします。ダニにおける情報はこの三つだけで、その**主観的な知覚世界**のなかに生きているのです。すなわち、それぞれの主体に備わる知覚と、知覚によって喚起され、働きかける身体の作用(行動)によって、その生物固有の一つの完結した全体(主体にとっての現実)をつくり上げてい

23 [1864―1944] 動物が知覚し作用する世界の総体がその動物にとっての環境であるとし、環世界説を提唱した。その説は生物学界ではあまり受け入れられなかったが、カッシーラー、ハイデガー、メルロー=ポンティなどの哲学者に多大な思想的影響を与え、その影響は現代にまで続いている。

24 環境世界とも訳される。動物はそれぞれ種特有の知覚世界を持って生きており、時間・空間も、それぞれ独自の時間・空間として知覚されている。動物の行動は各動物で異なる知覚と作用の結果であり、それぞれ動物に特有の意味を持ってなされる。

る。このありようをユクスキュルは環世界と呼びました。

世界には無数の環世界が存在します。種ごとにちがう環世界があるだけでなく、この考えを押し広げるなら、同じ人間であっても、**民族、言語、国、宗教、職業、性別、年齢など、その人の特性ごとに**、さらにはそれぞれの**固有の身体ごとの環世界**があり、**知覚している世界も作用する世界も異なる**と言うことができるでしょう。このような視点に立つと、AIによって神の目のように客観的に世界を一つに捉えようという態度がいかに粗暴で、傲慢な試みであるかに気づかされます。ましてや現在のAIは、環世界の主体のような身体性を持ちません。AIに触覚センサを備えたり、足の概念を教えたりすることはできても、足が痒いとか痛いといった身体感覚そのものをAIと共有することはできないでしょう。ましてや、事故などで四肢を失った人が感じることのある「幻肢痛」など、どうやってAIに教えることができるでしょうか。

つまり、ユクスキュルが示した環世界は、いくら森羅万象のデータをくまなく集めて分析しても、それぞれの主体が感じている主観的な世界をそのまま認識することはできないことの証左であり、現代科学へのアンチテーゼでもあるのです。

パラコンシステントの思想を持つことで、**機械論的に自然や他者をコントロールできるという神の視点に立つのではなく、無数の環世界の多様性をそのまま受け止めることで、相互に尊重し合うコミュニケーションの姿を描けないか、というのが私の未来社会に対する一つのビジョンです。**その実現のためには、異なる文化や他者と生きるための共同性や社会制度の問題に取り組む社会科学の知見も重要になってくるでしょう。多様な環世界の存在を知り、それぞれが他者との関係性のなかで成立していることを深く理解する必要があります。

環世界への考えを深めることは、近年、各地で、そしてサイバー上でも深刻度を増している社会の分断の構造を解きほぐす、一つの緒《いとぐち》にもなり得るのではないかと思っています。

生命にとっての情報とは――「差異をつくる差異」

環世界に関連して、現代のデータ至上主義社会の方向転換を図るうえで、もう一つ参考になるのが、米国の文化人類学者のグレゴリー・ベイトソン[25]による「情報」の定義です。ベイトソンは、情報を「差異を生み出す差異（A difference which makes a

25［1904-1980］英国生まれ。生物学と文化人類学を学び、ニューギニアで人類学調査を行う。第二次世界大戦中に米国に渡り、サイバネティクス、精神病理、コミュニケーションを研究。のちにこうした業績を包括して「精神のエコロジー」を提唱した。「差異を生み出す差異」という情報の定義は遺著『精神と自然　生きた世界の認識論』に見られる。

difference)」である、と述べています。つまり、ベイトソンは**主観的な知覚の差異（それぞれの環世界）から情報が生じる**と考えました。これは、我々人間が生きた世界の一部であるという考えに基づいた主張であり、「生あるもの（creatura：クレアトゥラ）」においては、「差異が一つの原因となる世界を形づくっている」のだと言います。

ベイトソンの見方に立てば、差異（情報）が環世界で言うところの作用（行動）を生み、つねに変化する環境のなかで、差異（情報）によって喚起された主体が自然や他者と関係性をつむぐという、生命の営みを感じ取ることができます。しかも、それぞれの異なる環世界が交わることで、新たな価値が生じます。つまり、**生あるもの**にとって重要なのは、**他者との相互作用を通して生まれる差異（情報）**であり、**何が生成されるかは、その場の状況や交わる環世界による、**つまり**コンテクスト（文脈）に依存する**ということなのでしょう。

1970～80年代に着目された思想で、「客観的な、観察された（observed）世界の分析」から、「主観的な、観察する（observing）世界の分析」への学問的な転換を図った「ネオ・サイバネティクス」[26]に大きな影響を与えたドイツの社会学者ニクラス・ルーマン[27]は、社会システムを構成するものとして「コミュニケーション」を掲げまし

26 20世紀中葉、米国の数学者ノーバート・ウィーナーによって提唱された、総合学問「サイバネティクス」を発展させたもの。サイバネティクスが、外部の視点から客観的・統一的にシステムを観察するのに対して、ネオ・サイバネティクスは、内部の視点から、自らをシステムの一部として構成しながら、主観的・相対的にそのシステムを観察していく。

27 「1927－1998」社会を不断に自己再生産する自律的なシステムと捉え、社会学にオートポイエーシス（システムの構成要素がその構成要素のみから再生産されること）理論を導入した。「意味」と「コミュニケーション」を社会のもっとも重要な基本要素と見なし、社会システムをコミュニケーション・システムとして理論化した。

た。コミュニケーションがコミュニケーションを生み、情報↓伝達↓理解からなるコミュニケーションの連なりによって社会システムが維持されるというルーマンの考えにも、まさにベイトソンの情報の概念が当てはまります。

先述したように、情報をビットによって定量化し、二進法の0／1の組み合わせで表現できることを発見したのはシャノンですが、シャノンの情報理論に基づき、情報を「量」として捉えて扱う現在の情報社会に慣れ親しんでいる私たちにとって、ベイトソンの情報観はすんなりと理解し難いかもしれません。もちろん、論理と量による従来のやり方は、安定的に情報（データ）を運ぶという意味では、たいへん重要な役割を果たしています。しかし、現代のテクノロジーが情報技術を駆使して、物質的なものだけでなく、人間の生命や価値観に関わり始めている以上、つねに環境に身を置き、他者とともにある**生命としての人間に立脚した新しい情報社会のあり方を模索していく必要**があるでしょう。

今西錦司の「棲み分け理論」と「利他」

環世界やベイトソンの思想への理解を深めるうえで、私がもう一人、着目しているのが、日本の生態学者であり、文化人類学者の今西錦司[28]の存在です。今西は、京都学派の一人として日本の霊長類学の礎を築いた人物であり、登山家、探検家としても知られていますが、私がとりわけ注目しているのが、今西の代表的な研究成果である**「棲み分け理論」**[29]です。こちらも残念ながら、現在の生物学や進化論のなかでは異説であり、忘れ去られてしまった理論なのですが、環世界に通じる独自の理論を展開しており、いまこそ見直すべきだと思っています。

京都の鴨川でカゲロウの生態観察をしていた今西は、同じ鴨川であっても、流れの速さや水の深さなどのちがいに応じて、4種類のヒラタカゲロウの幼虫が棲み分け、共生していることを突き止めました。すなわち今西の棲み分け理論では、同じものを食べる近い種であっても淘汰されることなく、あたかもお互いに配慮するかのように譲り合い、棲み分けているというのです。これは、生物の進化には目的などはなく、ランダムに起こった遺伝子の突然変異と自然選択による「結果」にすぎないとするダーウィンの進化論に、大きく異を唱える考え方でした。

この棲み分け理論には、英国の進化生物学者のリチャード・ドーキンス[30]が示したような遺伝子の利己的なふるまいというより、「利他的」とも言える姿を見ることがで

28［1902—1992］ダーウィンの自然選択論に異を唱える独自の進化論「棲み分け理論」を提唱した。ニホンザルなどの社会の研究から人類の社会進化の研究グループを組織。日本モンキーセンター、京都大学霊長類研究所の設立などに貢献した。登山家・探検家として、大興安嶺探検隊長（1942）や日本山岳会会長も務めた。

29 近縁の生物種が同じ地域に分布せず、境を接して互いに棲む場所を分け合って生存していること。今西錦司はカゲロウの生態を研究し、カゲロウは種によって各々棲む場所が異なり、体の形態も異なることを発見。そこから生物は互いに競争するのではなく棲む場所を分け合い、それぞれの環境に適合するように進化していくとした。

きます。考えてみると、弱肉強食の世界でも、強い動物が弱い動物をすべて食べ尽くしてしまうことはありませんし、毒性のあるユーカリを食べるコアラや笹を主食とするパンダのように、環境変化にうまく適合しながら、他の動植物とうまく棲み分けているように見える生物もいます。結果として、そうした**利他的に見えるふるまいによってエコシステム全体が維持されている**とも言えるでしょう。

この棲み分け理論を一つのアナロジーとして、現在の人間社会に当てはめてみれば、**GAFAによる寡占とはちがった、新たな社会の姿が見えてくる**ように思います。利他的にふるまうことが、結果として自己の利益にも、そしてエコシステム全体の利益にもつながる。この**「利他」という考え方**も、これからの未来社会を考えるうえでの一つの重要な手がかりになると思っています。

■ 矛盾を包含する新たな思想

ちなみに今西錦司は、京都学派の創始者である、哲学者の西田幾多郎[31]から大きな影響を受けたと言います。西田は生命が環境を変えていくと同時に、環境が生命を変えていくといった、矛盾が同時に存在することを「絶対矛盾的自己同一[32]」という言葉で

30［1941－ ］進化生物学者。自然選択の実質的な単位は遺伝子であるとする「遺伝子中心視点」を提唱した。その代表作『利己的な遺伝子』の「生物は遺伝子によって利用される乗り物にすぎない」という言葉は有名。また、文化の伝播を遺伝子になぞらえた「ミーム」という語を考案した。

31［1870－1945］近代日本が生んだ最初の独創的な哲学者。東洋的精神性を西洋哲学の論理で解明し〈純粋経験〉〈絶対無〉〈場所の論理〉〈主客合一〉〈絶対矛盾的自己同一〉などの独自の概念を展開。「西田哲学」と呼ばれた。京都大学教授として田邊元、波多野精一、九鬼周造、三木清など多くの後進を育て、いわゆる「京都学派」を形成した。

32「物が何処までも全体的一の部分として考えられるということは、働く物というもの

定義しました。私はこの概念こそが、さまざまに異なる環世界のあいだをつなぐ際の一つの拠り所になるのではないかと考えています。

もとより生命は、ノーベル生理学・医学賞（２０１６年）を受賞された大隅良典[33]教授の「オートファジー[34]（自食作用）」の研究が明らかにしたように、細胞が自らの細胞質成分を食べて分解することでアミノ酸（栄養）を得るという、細胞内の循環システムによって成り立っています。つまり、生命は自らの細胞内の細胞質成分を分解（壊し）しつつ、一方で栄養を得て新たに中身をつくるという自律的な営みを通して、エントロピーの増大に抗っているのです。本書の対談にご登場いただいた福岡伸一先生の言葉を借りれば、生命は、自らを先回りして壊しつつつくるという矛盾のうえで「動的平衡」を保っているわけです。まさに、西田の言うように、生と死は矛盾しながらも一つにつながっている、ということなのでしょう。

はたして私たちは、こうした生物の特性をふまえながら、一方でデータ解析やＡＩを活用し、論理演算による便益性をも同時に追求できるような豊かな社会を築くために、何から手をつけるべきなのでしょうか。少なくとも、人々の拠り所となるような新しい思想や文化を、**さまざまな異なる環世界を持つ人と対話を通じて、見出してい**

がなくなることであり、世界が静止的となることであり、現実というものがなくなることである。現実の世界は何処までも多の一でなければならない。個物と個物との相互限定の世界でなければならない。故に私は現実の世界は絶対矛盾的自己同一というのである」（西田）

33　［１９４５－　］酵母の分子細胞生物学的な研究で、世界で初めてオートファジーの分子レベルでのメカニズムの解明に成功した。その業績により２０１６年ノーベル生理学・医学賞を受賞。

34　細胞が細胞内のタンパク質を分解するためのしくみの一つ。

く必要があると思います。

本書の鼎談でご登場いただいた京都大学の山極壽一先生、出口康夫先生と、以前に3人でお話ししているときに、山極先生が、SDGs[35]の17項目の目標には「文化」が存在しないのが問題だとおっしゃったことが非常に印象に残っています。文化についてSDGsでは、4の「質の高い教育をみんなに」というゴールのなかで、わずかに触れているのみです。文化というのはローカルに根ざすものであり、その**差異にこそ価値**があります。**ちがう文化を理解し、許容し、排除することなく包摂し、それぞれの「ウェルビーイング」[36]を実現していくための新しい思想を、ぜひ、多くの方たちのコミュニケーションを通じて考えていけたらと思っています。**

35　持続可能な開発目標(Susta-inable Develop-ment Goals)の略称。持続可能な開発のために必要不可欠な、2030年までの行動計画が2015年9月の国連総会で採択された。このなかで、持続可能な開発目標(SDGs)として17の世界的目標、169の達成基準、232の指標が示された。

36　肉体的、精神的、社会的すべてにおいて良好な状態。情報技術が暮らしを便利にする一方で、利用者の心への負の影響も指摘されている現在、関心が高まっている。

3 〈あいだ〉をつなぐ基盤を築く
――IOWNが支える「新情報化社会」

新しい情報化社会の礎として

さてここまで見てきたように、現在、世界はさまざまな課題を抱え、従来の思想や方法論、科学技術、ルールだけでは立ち行かなくなってきています。こうした現状を大きく変えるために、NTTでは、2030年に向けて**「IOWN（アイオン：Innovative Optical and Wireless Network）」**構想を提唱しています。

IOWNとは、あらゆる情報（データだけでなく、数値化できないとして捨象してきた情報も含めて）を使い、解析することで、個と全体の求めるものの同時実現を試みる社会基盤です。言うなれば**IOWNは、それぞれに異なる環世界を超えて、自然と人、人と人、人とモノといったあらゆるものの関係性をつなぎ、理解を促すためのコモンズで**

あり、メディア（媒介）としての役割を担うものだと言えます。

ＩＯＷＮを構成するのは、ネットワークから端末まですべてにフォトニクス（光技術）を導入する情報通信インフラ**「オールフォトニクス・ネットワーク（APN）」**と、それらの処理を全体最適に調和させてリソース配分を行い、必要な情報をネットワーク内に流通させるしくみである**「コグニティブ・ファウンデーション（CF）」**、さらに実空間のモデルをサイバー空間に再現してリアルタイムに分析・フィードバック処理を行う**「デジタルツインコンピューティング（DTC）」**の三つの技術です。つまりＩＯＷＮは、フォトニクスベースの通信インフラと、そこを行き交うさまざまな情報のやり取りを滞りなく制御する技術基盤、さらにその上で実空間とサイバーをインタラクティブにつなぎ、コミュニケーションを支える技術からなる、情報通信ネットワーク基盤、と言えます。

■ ゲームチェンジを担う「光電融合」のテクノロジー

ではＩＯＷＮはこれまでの通信ネットワークと何がちがうのでしょうか——。

技術的に大きく異なるのが、ＩＯＷＮのコアに光半導体を含めた光電融合デバイ

スを用いることです。これにより、指数関数的に増えつつあるデータ流通量を背景に、消費エネルギーにおいても微細化においても限界に到達しつつあるエレクトロニクスからフォトニクスへの大転換を図ります。つまり、光電融合デバイスをコンピュータに用いることで、消費エネルギーを100分の1に抑えられるようになり、すでにnm（ナノメートル、10億分の1メートル）単位にまで小さくなった現状の半導体で問題となっていた発熱を抑え、処理速度を劇的に向上できるようになります。これにより、現在の世界の情報通信基盤であるインターネットに加え、自動運転や遠隔手術など、リアルタイム性やエッジでの処理が不可欠である分野の社会基盤となることをめざしています。

すでにNTTは、光を閉じ込めてその速度を制御できるフォトニック結晶というナノサイズの構造体を使って、世界最小の消費エネルギーで動く光半導体（光非線形素子）の開発に成功し、

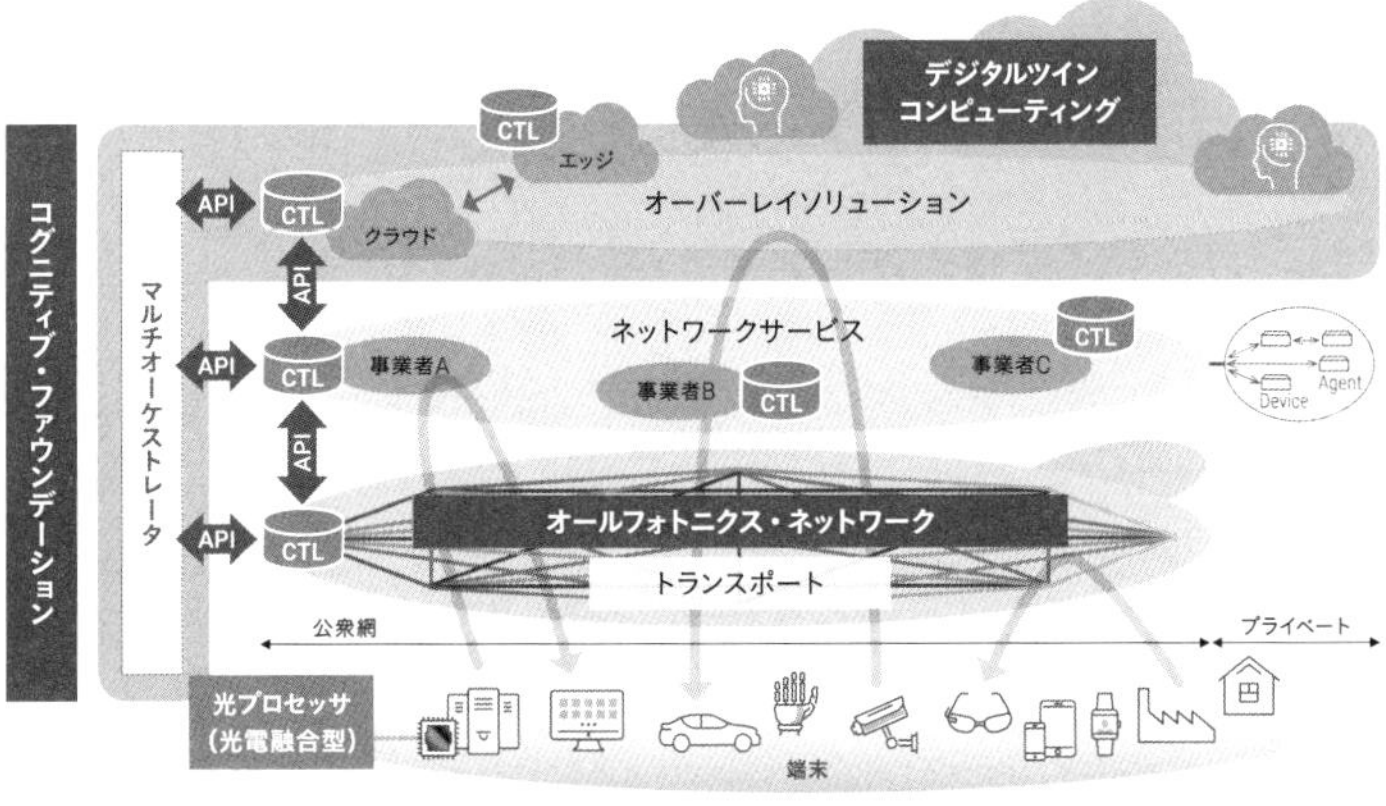

図2　IOWN構想・構成

この成果を2019年、『*Nature Photonics*』に発表[37]しています。これは面積わずか10㎛×15㎛^{2}の基盤上に、入力された光信号を光信号でスイッチ操作したり、増幅したりできる素子です。静電容量を抑えて、わずかな電流で動作することから、光信号と電気信号を相互に変換する際のエネルギー損失を劇的に低減できるようになりました。

今後はこの成果を用いて、シリコンチップ上に光送信回路や、光と電気の変換機能を実現する光受信回路を集積し、光電融合型の光送受信モジュールを開発する予定です。次のステップとしてすべてのチップを光半導体に置き換えて、CPUやGPU、ストレージ、メモリといった各機能もすべてフォトニクスベースに変えていきます。さらに、すべてを光信号で結ぶことで、サーバといった箱の単位を超えた新しいコンピュータ・アーキテクチャを構築していきます。これを私たちは、**「ディスアグリゲーテッドコンピューティング」**と呼んでいて、従来に比べ、必要なコンピュータリソースを柔軟に活用できるだけでなく、**消費電力や遅延を革命的に削減**できるようになります。

さらに、短距離から長距離伝送に至るすべての情報伝送と中継処理の光伝送をめざ

37 Kengo Nozaki, Shinji Matsuo, Takuro Fujii, Koji Takeda, Akihiko Shinya, Eiichi Kuramochi, and Masaya Notomi,"Femto-farad optoele-ctronic integration demonstrating energy-saving signal conversion and nonlinear functions"*Nature Photonics*, vol. 13, pp. 454-459 (2019).

すことで**電力効率を現在の100倍にまで高める**ことをめざします。現在、長距離・大容量のネットワーク伝送分野で実用化されている光技術を、各機能を結ぶ配線やCPUの内部にまですべてに配することができるようになれば、超大容量通信が可能になり、8Kなどの高精細な映像も圧縮することなく、遅延のない伝送ができるようになるのです。

究極的には、「一人一波長」、1ユーザ当たり100Gビット／秒のようなリソースの割り当てが可能になり、ユーザが必要に応じて、遅延のない大容量の通信環境を享受できるようになるでしょう。「一人一波長」というのは、作家・エコノミストのジョージ・ギルダーが『テレコズム――ブロードバンド革命のビジョン』（ソフトバンククリエイティブ、2001年）のなかでも紹介した概念ですが、いわば利用者ごとに信頼の置ける専用線（VPN=Virtual Private Network）を持つようなイメージを想定しています。

■ IOWNの実現に向けたロードマップ

2025年に開催予定の大阪・関西万博（2025年日本国際博覧会）では、光半導体を含むディスアグリゲーテッドコンピューティングの一部を実現したホワイトボックス、すなわち中身の内部構造や動作原理、仕様などを明らかにしたパッケージを展示したいと考えています。さらに万博で、ＩＯＷＮがどのような社会やサービスを実現するのかを明示するとともに、専用線を敷いて実証実験をしていきたいと考えています。

１９７０年に開催された大阪万博（日本万国博覧会）のとき、私は中学生で、近くに住んでいたこともあり何回か会場に足を運びました。あの万博で各国、各企業が展示していたさまざまな未来の技術に胸を躍らせたように、２０２５年の万博でも、未来社会の持続的発展に資するような革新的なテクノロジーと、それによって実現する社会の姿を、次世代を担う子どもたちに見せたいと思っています。

しかしこれは現在のインターネットやコンピューティングの常識を覆すような挑戦であり、ＮＴＴ一社でできるような規模およびレベルの開発ではありません。そこでまずは、情報通信インフラの基盤となるオールフォトニクス・ネットワーク（ＡＰＮ）から、国内外のパートナーとともに開発を進めていく予定です。一方、デジタルツインコンピューティング（ＤＴＣ）に関しては、多くの事業者がリモートワールドの充実に向けたサービスをさまざまな方式で展開していくことになるでしょう。これらを

ＡＰＮに接続して、インターオペラビリティ（相互運用性）を備えた基盤となるよう、技術開発および標準化を進めるとともに、ルールを整えて、ガバナンス体制を構築していく必要があると考えています。

これらを実現するため、ＮＴＴは２０２０年１月にＩＯＷＮ構想に賛同するインテルやソニーとともに、IOWN Global Forum[38]を立ち上げました。このフォーラムでは、革新的なユースケースを踏まえたＩＯＷＮの基本アーキテクチャの定義やそれに関する技術の標準化を外部の標準化団体と連携しながら行っていきます。また、実証実験を通じてそれら技術の実証を行いながら、ＩＯＷＮのグローバルマーケットへの適用、普及を進めていきます。２０２１年12月現在、このフォーラムには米国のマイクロソフト、デル、シスコ、スウェーデンのエリクソンなどの世界の主要ＩＴ企業を含む82社が活動しており、すでにユースケースやテクノロジー文書を公開するなど、ＩＯＷＮ構想実現に向けた取り組みをグローバルに加速しているところです。

この取り組みからもわかるように、我々はＩＯＷＮの開発を原則としてオープンな環境で進めていきたいと考えています。さまざまなプレーヤーが基盤づくりに参画できることでインターオペラビリティを高めていきたいと考えています。

38 ２０２０年１月、ＮＴＴ、インテル、ソニーがコミュニケーションの未来をめざして設立した国際的なフォーラム。新規技術、フレームワーク、技術仕様、リファレンスアーキテクチャの開発を通じ、新たなコミュニケーション基盤であるＩＯＷＮの実現を目的とする非営利団体である。https://iowngf.org

一方、ベイトソンを持ち出すまでもなく、企業にとっても差異化こそが競争力の源泉であり、ビジネスの要諦となります。したがって、オープンのなかにいかにクローズな部分をつくっていくのか、そしてそのクローズのなかでいかに差異をつくっていけるかがビジネスの成否のカギを握ります。そこを担うのは、NTTが1960年代から研究を続けてきた光技術のテクノロジーにほかなりません。今後は、この競争優位のコア・テクノロジーを社会実装につなげ、グローバルスタンダードにすべく、組織の再編や研究開発体制の強化に注力し、積極果敢にゲームチェンジを図っていきます。

■デジタルツインコンピューティングと4Dデジタル基盤

一方で、オールフォトニクス・ネットワーク（APN）やコグニティブ・ファウンデーション（CF）のようなインフラの部分は、一般の人々の目には触れにくく、既存のしくみから置き換わったとしても、人々が従来とのちがいを実感することはあまりないかもしれません。むしろ、実空間との接点となるサービスという意味で、人々の生活を大きく変えていくのがデジタルツインコンピューティング（DTC）でしょう。

デジタルツインとは、現実世界のさまざまな現象をサイバー空間上に再現する、つまり「デジタルの双子」をつくるというもので、すでにプラントの最適化や構造物のシミュレーションなどに広く活用されています。今後はこれをモノだけでなく、人や複雑な要素の絡む都市などにも応用して、多種多様な膨大な情報を活用しながら、ダイナミックな動きをリアルタイムに分析して、社会課題の解決につなげていきたいと考えています。

たとえば、都市のデジタルツインと自動運転車のセンシングデータを組み合わせて、「渋滞のない社会」、究極には「事故のない社会」を実現したいと考えています。これを可能にするのは、超低遅延の通信を可能にする光技術と、人やモノ、コトのさまざまなセンシングデータに基づいて、「緯度・経度・高度・時刻」の4次元情報を可能な限り精緻に把握できる**「4Dデジタル基盤」**です。これは、きわめて正確な3次元空間データに加えて、時間データの付与を可能にするもので、人やモノの位置や動きをリアルタイムに正確に捉えることができるようになります。またこれにより、その情報の真実性の保証にも役立ちます。ソーシャルディスタンスが求められるなかで、経済活動を安全に継続させていくためにも、人の位置を正確に把握するテクノロジーは非常に有用だと思います。

これを発展させ、デジタルツインをリアルワールドにフィードバックすることで、リアルとサイバーの二つの世界をつなぎ、AR（拡張現実）などを活用した**「ミラーワールド」**[39]へと発展していくことも可能になるでしょう。すでにインターネットの次に来るプラットフォームとして、ミラーワールドが注目されているように、また日本政府がSociety 5.0で提唱しているように、今後はますます**フィジカル（実空間）とサイバー（仮想空間）の連携や融合**が進むのはまちがいありません。

そうしたなかで私たちはさらに踏み込んで、人間の身体のデジタルツインを構築することでデータ駆動型の医療にも取り組んでいきます。そのためには、人間の内部の状態を非侵襲、非接触で測るセンサが必要であり、センサの開発にも力を入れています。すでに、額の表面にセンサを貼り付けるだけで、身体の深部温度を正確に測るセンサの開発に成功しています。

心不全の予兆を検知できる心臓のデジタルツインの開発にも取り組んでいます。これは、MRI（核磁気共鳴装置）画像から作成した心臓の3次元モデルと、着衣型のセンサ「hitoe®ウェアラブル心電図測定システム」[40]（東レとNTTの共同開発）から得た

39 リアルとデジタルの二つの世界をつなぎ合わせた世界で、リアルワールドに存在するものが写像としてサイバー上に存在する。

40 東レ・メディカル株式会社の製品（医療用具）。hitoe®メディカルリード線Ⅱ／hitoe®メディカル電極Ⅱ／長時間心電図記録器EV-301からなる。hitoe®は、東レ株式会社および日本電信電話株式会社の登録商標。

心音や心電図などの生体情報を組み合わせることで、心臓の状態が正常かどうかを判定するというものです。生体情報は、人間の心身の状態を把握する重要な手がかりであり、これらの情報と医療診断機器から得られた情報などを組み合わせて解析することで、将来的には遠隔地からのオンライン診療や遠隔手術などに活用できるようになるでしょう。

分断を超えて、〈われわれ〉のウェルビーイングへ

さらに私たちが超長期的な目標としてめざしているのが、IOWNによる個人の可能性の拡張であり、デジタルツインによる**パーソナライズの深化**です。その際に必要となるのが、プライバシーが完全に守られ、倫理的な規範に基づいて正しい知識や情報を得ることができ、人々が信頼して活用できるメディアとしてのIOWNです。

その背景には、現状の情報化社会が抱えるさまざまな問題があります。すでにインターネットの世界では、購買履歴や嗜好、政治的信条など、ありとあらゆるパーソナルデータが収集されマーケティングなどに活用されています。その一連の動きのなかで、人々の行動が「操作」されはじめています。また、検索サイトが提供するアルゴ

リズムによって、各ユーザが見たいものだけを見せる（見たくないものを遮断する）機能が実現されていて、人々はあたかも泡のなかに包まれたように、自分が見たい情報しか見ない**「フィルターバブル」**[41]といった現象や、あるいはSNSなどで自分と同じ意見の人とだけつながることで、特定の信念だけが増幅・強化されるような**「エコーチェンバー」**[42]と呼ばれる現象も指摘されています。これらが社会の断絶を助長しているのです。

さらには、仮想空間には巧妙なフェイク動画やフェイクニュースが広がりつつあり、玉石混淆の情報の海のなかから有用な情報を取り出したり、真実を見極めたりするのが困難になりつつあります。ジョージ・オーウェル[43]の小説『一九八四年』に描かれた、個人の人生を支配するようなディストピア的な世界を生み出さないためにも、フィルターバブルやエコーチェンバーを超え、それぞれの環世界の関係性をつなぐ未来社会に向けて、社会科学や思想、文化の専門家などとともに議論を深めていかなければならないと思っています。

■ グローバルコモンズを支える IOWN

41 インターネットの検索エンジンやSNSを通して得られる情報が、利用履歴を用いたアルゴリズムによって個々の利用者向けに最適化されるため、その個人が好まない情報に接する機会が失われる状況。アルゴリズムというフィルターで、まるで泡（バブル）に包まれたように、自分が見たい情報しか見えなくなること。

42 閉鎖的空間内でのコミュニケーションが繰り返されることにより、特定の信念が増幅・強化されてしまう状況の比喩。ソーシャルメディアにおいて、自分と似た興味関心を持つユーザをフォローする結果、意見をSNSで発信すると自分と似た意見が返ってくるという状況を、閉じた小部屋で音が反響する物理現象にたとえたもの。

43 ［1903–1950］英国の作家、ジャーナリスト。植民地時代の英領インドで

パーソナライズの深化と同時にとりわけ重要になるのが、社会全体のウェルビーイングをいかに存立させるのか、ということでしょう。つまり、どのように合意形成をしていくのか、現在の民主主義を新たな民主主義へバージョンアップを図る必要があります。

その一つの取り組みとして、2019年より、NTTは京都大学の哲学者である、出口康夫教授らとともに共同研究を実施してきました。出口教授は、新しい自己観として、**「Self-as-We（われわれとしての自己）」**という概念を提唱されています。

これは、「私」を自己と考えるのではなく、〈われわれ〉を自己として捉え、その構成員として〈わたし〉がある[44]、という考えに基づいています。

ベイトソンが、生あるものにとって重要なのは、他者との相互作用を通して生まれる差異（情報）であり、ルーマンが相互作用（コミュニケーション）の連なりによって社会システムが維持されると指摘したように、人間は命あるものとして他者との関係性のなかに生きています。ここで言う他者とは、たんにほかの人間だけを指すのではなく、動植物なども含めたマルチスピーシーズ（複数種）、さらには自然環境まで含めた関係性の網の目のなかにあることを意味します。つまり、ここで言うWeというの

生まれる。ルポルタージュ作家として活動の後、スペイン内戦に義勇兵として参加。『カタロニア讃歌』、全体主義的なディストピアを描いた『動物農場』『一九八四年』を著す。

44 本書「社交のデザインと〈われわれとしての自己〉」（143ページ）参照。

は、人、モノ、システムなど、生物、無生物を問わず広い関係性を包含します。その関係性のなかで、個としての自律性を保ったまま、他者と自己の重なり、つながりの充足によってウェルビーイングを実現できないだろうか——。

このときにカギを握るのは、**「利他」という視点**です。それは地球環境を守り、人類の持続的発展のためにも欠かせない人類に求められる観点だと思います。ディストピアへの道を避けるには、人間が生命であるという原点に立ち返って、社会を再構成していく必要があるのです。

このような観点を踏まえ、ＩＯＷＮは、オープンスタンダードによりインターオペラビリティ（相互運用性）を高め、個と全体が求めるものの同時実現をめざし、プライバシーガバナンスの体制を皆で構築していくことで、**誰もがプライバシーを脅かされることなく公平に安全に社会活動に参加できるような社会**に資する基盤をめざしていきます。すなわち、**リアルワールドとデジタルワールドをつなぐ、グローバルコモンズの基盤**となることをめざします。

そのためには、ありとあらゆる分野の知恵が必要であり、ともに考え、**対話**を通じて議論を深めていかなければならないと考えています。これからの時代は、あらかじめ答えを決めてそれに皆で向かっていくというより、変化のなかで、いま何をどのように問うべきかをつねに考え、**「問い」を共有する開かれたフォーラム（場）**に集うことが大切になってくると思います。本書の後半でゲストをお招きして対話を重ねた狙いもそこにあります。これを端緒に、今後もぜひ、より多くの方とのコミュニケーションを通じて、差異から価値を生み出しながらＩＯＷＮ構想を進めていく所存です。

第 II 部

IOWNダイアローグ

〈あいだ〉で考える4つの対話

生命とITの〈あいだ〉

相反するものをつなぐ哲学をもとめて

Dialogue 01

×

福岡 伸一

［生物学者］

福岡 伸一（ふくおか・しんいち）

1959年、東京生まれ。京都大学卒。分子生物学者、青山学院大学教授・米国NYロックフェラー大学客員研究者。“生命とは何か”をわかりやすく解説した著書を次々と発表。代表作に『生物と無生物のあいだ』（講談社、第29回サントリー学芸賞）、『動的平衡』シリーズ（木楽舎、小学館）、『福岡伸一、西田哲学を読む 生命をめぐる思索の旅』（池田善昭との共著、明石書店、小学館）、『フェルメール 光の王国』（木楽舎）、『生命海流 GALAPAGOS』（朝日出版社）、訳書に『ドリトル先生航海記』（新潮社）、『ガラパゴス』（講談社）などがある。

1 ガラパゴスとコロナが示唆する人間の未来
――ピュシスとロゴスのはざまで

願いがかなってガラパゴスへ

澤田 本日はお越しいただきありがとうございます。

福岡 澤田さんとお会いしたのは、もう8年ほど前でしょうか。澤田さんと私は、京都大学の同窓生で、ほぼ同じ頃に学生生活を送っていたんですよね。二人とも理系出身ですが、京都学派[1]の系譜を引く諸氏の薫陶を受け、自然や哲学について思いをめぐらせつつ学生生活を送ってきました。

澤田 実際にお会いすることはありませんでしたね。

福岡 生協あたりですれちがっていたかもしれません。

澤田 たぶん、安い定食を一緒に食べていたんじゃないでしょうか。

福岡 その後、お互いちがう道を歩んできたわけですが、京大特有の学風のなかで考えたことが、今日の自分の基盤を支えていると感じます。こうして、8年に一度くら

1 一般に京都大学の西田幾多郎と田邊元および彼らに師事した哲学者たちが形成した学派のことを指す。主なメンバーは波多野精一、朝永三十郎、和辻哲郎、西谷啓治、高坂正顕など。戦後、京大人文科学研究所に集まった桑原武夫、今西錦司、貝塚茂樹、上山春平、梅棹忠夫、梅原猛らを「新京都学派」とも言う。

い、星のめぐりのように澤田さんとお会いできるのは光栄です。

澤田　こちらこそたいへん光栄です。確かに、京都という街自体が学びに満ちていて、感性や好奇心を助長してくれる空気がありました。8年前にお会いしたときは、福岡さんの『生物と無生物のあいだ』（講談社、2007年）に感銘を受けて、サインしていただきました。

福岡　今日はわざわざそのときの本を大切に持ってきてくださったのですね。

澤田　本日は、この本にも書かれていたウイルスの話を起点として、パンデミックをはじめ、現代社会が抱えるさまざまな問題に対して、私たちはどのように処して、より良い社会を築いていけばいいのか、そのために何が必要なのか、福岡さんとじっくり語り合いたいと思っています。

福岡　実は今日、新しい本を献本しようとお持ちしたのです。この『生命海流GALAPAGOS』（朝日出版社、2021年）は、ガラパゴス諸島[2]のことを記した本です。

澤田　ありがとうございます。

福岡　ウイルスの話をする前に、このガラパゴスの話を少しさせてください。ちょうどパンデミックが世界を襲うほんのちょっと前に、私はガラパゴス諸島に行くことがで

2　東太平洋上の赤道下にある諸島。大陸と陸続きになった歴史を持たず、ゾウガメなど多くの固有種がいる。1835年、チャールズ・ダーウィンが測量船ビーグル号に乗船して訪れ、この航海で進化論の着想を得た。1978年に世界遺産（自然遺産）として登録。

きました。ガラパゴス諸島はエクアドル領ですが、南米大陸から1000kmほど離れた海上にある、絶海の群島です。手つかずの自然がそのままあって、地球に残された最後の生物の楽園と言えます。いまから200年近く前に、チャールズ・ダーウィンがビーグル号という船に乗ってこの群島にたどり着き、自然の驚異を目の当たりにして、それが後にダーウィンが打ち立てた進化論の発想につながりました。そして私自身、生物を愛する者、生物を研究する者として、一度は訪れたいと子どもの頃から願っていた地です。とはいえとても遠いので、なかなか行く機会に恵まれませんでした。

もちろん観光旅行ならいつでも行けたはずですが、私は一つ贅沢な夢を抱いていたんですね。ダーウィンがめぐったのと同じコースをたどりながら島を見たいと思っていたのです。そのためには船をチャーターし、船長や船員、通訳、ネイチャーガイドなどを雇い、物資を用意するための資金が必要でした。それらの準備がすべて整い、ようやく実現できた念願の旅だったのです。もしこの旅の行程がほんの数日でもずれていたら、パンデミックが南米にも襲い、私はいまだにガラパゴス諸島に閉じ込められていたままかもしれません。それはそれで、良かったのかもしれませんが（笑）。

澤田 リクイグアナになってしまうところでしたね（笑）。

福岡　間一髪で脱出できて、その後、私のもう一つの研究拠点であるニューヨークに立ち寄ったところでロックダウン（都市封鎖）に巻き込まれ、去年はほとんどニューヨークに閉じ込められていました。

澤田　ガラパゴスで貴重な体験をされて、その後はたいへんな思いをされたのですね。

ウイルスを消し去ることはできない

福岡　このガラパゴスの旅、そしてその後に起きた新型コロナウイルス禍を通して、私が強く感じたのは、**ウイルスが人類に何を問いかけているのか**、ということです。

ウイルスとの闘いに勝たなければならないとか、ウイルスを撲滅しなければならないなどと言われますが、ウイルスというのは自然の一部として実はずっと昔から存在していて、高等生物である人間とのあいだで絶えずせめぎ合いを繰り返してきた身近な存在です。たとえば、害虫であるゴキブリが嫌だからといって、この世界から撲滅できるかと言えばそんなことはできません。同じようにウイルスも完全に消し去ることはできないのです。

生命を「自己複製を唯一無二の目的とするシステムである」と定義すると、自らのコピーをどんどん増やし続けるウイルスは生物と言えます。ところが、生物を「絶えず自らを壊しつつ、つねにつくり替えて、危うい一回性のバランスの上に立つ動的なシステム」、すなわち私が提唱している**「動的平衡」**[3]の生命観に立てば、ウイルスは呼吸も代謝もしませんので、無生物ということになります。つまり、ウイルスというのは生物と無生物のあいだに漂う奇妙な存在なのです。

ウイルスというのは、その単純な構造から生命の初源からあったように思われがちですが、実際は進化のプロセスを経て高等生物が出現した後に生まれました。というのも、そもそもウイルスは、もともと我々の遺伝子の一部がちぎれ出たものだからです。つまり、私たちの身体の一部だったもの――それがウイルスの正体です。

そして、高等生物とウイルスは、長きにわたってある種の共生関係を保ってきました。ウイルスは遺伝情報を個体から個体へ、ときに種を超えて運びます。親から子へと遺伝情報を受け継ぐだけでなく、ウイルスによって種を超えて、遺伝情報が受け継がれることで、生物は進化してきました。ですから、生命システムにおいて重要な役割を担ってきたウイルスをこの世から消し去ることなどできないのです。

澤田　なるほど、ウイルスというのはさまざまに変異しながら、生物の進化をリード

3　互いに逆向きの過程が同じ速度ですすむことで、系全体としてバランスがとれている状態。生命を流れととらえる福岡生命論の中核概念。

してきたわけですね。

福岡　そうです。ウイルスは絶え間なく変わりますし、動物と動物、あるいは動物と人間のあいだを媒介しながら、ある種の情報伝達媒体として進化に寄与してきたと言えます。ウイルスは害悪をもたらすだけではなく、地球環境において何らかの「利他的」な役割を担ってきたがゆえにいまも存在している、と考えたほうが良いのではないか、というのが生物学の見解です。

■ガラパゴスの旅で感じた「ピュシス」としての人間

福岡　ガラパゴスでは、テレビやラジオはもちろんのこと、Ｗｉ－Ｆｉもなく、携帯電話も使えませんでした。ガラパゴス諸島のほとんどが国立公園で保護区になっているため無人島で、人間が生活できるようなホテルやトイレもありません。ですから、生活のすべてを船のなかですませる必要がありました。船自体も、自然の波に翻弄されるひとひらの葉っぱみたいなもので、実に頼りない。事前に食べ物は用意していましたし、すばらしいコックに恵まれたことは幸運でしたが、船内のトイレにはたいへん悩まされました。ちなみに、排泄物はすべて海に流すほかないのです。

そういう自然のなかにいると、私たちが普段、いかに都市生活に守られて暮らしているひ弱な生き物であるのかということを思い知らされます。そして、京都学派の始祖である西田幾多郎が立ち戻ろうとした**「ピュシス(physis)」**[4]と、その対極にある**「ロゴス(logos)」**について深く考えさせられることになりました。

澤田 福岡さんが西田幾多郎の哲学を読み解かれた『福岡伸一、西田哲学を読む――生命をめぐる思索の旅』(池田善昭との共著、小学館、2020年)も拝読しました。たいへんに読み応えのある本でした。

福岡 ありがとうございます。

ピュシスとは、古代ギリシア語で「本来の自然」を表します。私たちのもっとも近くにある自然が、人間の身体です。生命としての身体を、多くの人は自分の所有物のように感じているかもしれませんが、実際には自分では制御できないものですよね。いつ生まれるのか、いつどんな病気になるのか、いつどんなふうに死ぬのかを知ることもコントロールすることもできません。つまり人間というのは、ほかの生物と同じようにピュシスのなかに生きている自然物なのです。

一方、人間は、言葉や論理、すなわちロゴスをつくり出して、自然を制御しながら衣

4 ロゴスは「理性」、ピュシスは「自然」の意。イオニアの自然哲学者ヘラクレイトスは「自然は隠れることを好む」と述べたが、ソクラテス、プラトンは自然は人間の理性ですべて暴かれ、理解し尽くせるとし、理性にとって矛盾・相反するものは問題にする必要がないとした。その後の西洋世界はすべてこうした「ロゴスの立場」を取ったが、ハイデガーなどの20世紀の哲学者はふたたび「ピュシスの立場」に立ち戻る必要があると唱えた。

食住を快適にし、さまざまな制度を整えて、ロゴス的な唯一の生物として文明社会を築いてきました。そうしたロゴス的な生き物である人間と、生身の生き物であるピュシスとしての人間のあいだで右往左往している、それが人間の姿です。都市生活をしていると、ロゴス化された営みのなかで、ある種の万能感を抱きがちですが、実際には人間は生き物として丸裸で脆弱な存在、ピュシス的な生き物であることをいつも忘れてはならないのだと思います。

このように、ガラパゴスの旅は、私にピュシスとしての生き物であることとの再認識を迫りました。そしてコロナ禍もまた、人間が自然のなかの一部であるということを改めて思い出させてくれたんじゃないかと感じています。

生命進化の最前線にあるガラパゴスから学ぶこと

福岡　もう一つ、私がガラパゴスに行って感じたことを付け加えると、ガラパゴス化とかガラケーなどという言い方は、ガラパゴスに対してたいへん失礼だということです。本当のガラパゴスは、世界から取り残された場所でもないし、進化の袋小路に入ってしまった場所でもありません。そもそも、ガラパゴス諸島は、海底火山の隆起によっ

PHOTO : Munemasa Takahash

てつくられた、ごく新しい環境なのです。古い島で誕生から数百万年、新しい島では数十万年しか経過していないんですよ。

最初は水も土もなかったところに、１０００㎞もの旅を経て、なんとか流れ着いた植物などの種が乾燥に耐えながら少しずつ土壌をつくり、それを餌にする鳥がやって来て、虫が飛んできて、さらに奇跡的に流れ着いたゾウガメの卵が孵化してできあがったのがガラパゴスです。このときに、海水中に長いあいだ浸かっていることができたか、あるいは藻や枝が集まった天然の筏のようなものに乗って乾燥を耐えながら移動できた虫やカメなどの卵しか、この諸島に流れ着くことはできませんでした。だから、ガラパゴスには、両生類も大型の哺乳動物もいないのです。

澤田　あぁ、卵じゃないから哺乳類はたどり着けなかったんですね。

福岡　唯一、ネズミみたいなものだけが、天然の筏に潜り込んでたどり着いたようです。そして、それらがなんとかニッチ（生態的地位）を切り拓き、生息を開始しました。新しいニッチを見つけて、他の生物とうまく棲み分けながら共存できたものたちの島なんですね。つまりガラパゴスというのは生命の最前線、進化の前線にあると言っていい。まさに、ガラパゴスこそがブルーオーシャン[5]であり、生命の楽園なのです。

5　従来存在しなかったまったく新しい市場を生み出すことで新領域に事業を展開する戦略。競合企業との競争で血塗られた既存の事業領域「レッドオーシャン」と異なり、他社と競合しない事業展開が可能となる。

現在のテクノロジーやITの進化、デジタルトランス・フォーメーション（DX）の進むべき道を模索するなかで、生命の最前線にあるガラパゴスの多様な生物たちの共生と進化のありようから学ぶところは非常に大きいと思っています。

■「あれかこれか」と比べて、細かく分けても、自然はわからない

澤田 私は土木工学の出身なのですが、土木の世界というのも、まさにロゴスの世界なんですね。もっとも重要視されてきたのが、「トレードオフ」の思想です。つまり、相反するものについて、あっちを取るのか、こっちを取るのかと天秤にかけるわけです。たとえば、川に橋を架けるのか、トンネルを掘るのかといった場合、規模や状況に応じて、経済性と安全性、利便性といった要素のうち、どれを優先するのかを考えながら取るべき手段や形式を決めていきます。

30代くらいまではロゴスという言葉さえ知らずに、世の中はトレードオフだと思い続けてきたのですが、課長になり、マネージャーの立場になって初めて、どうもちがうと感じるようになりました。マネージャーになった当初は、ロゴス（論理）とパトス（情熱）さえあれば、リーダーシップを発揮できると信じていたのだと思います。ところがそれ

だけではうまくいきません。世の中にさまざまな意見があるのは当然ですし、自然を意識して見ると、コンパティビリティ(compatibility：両立性、互換性)というのでしょうか、いろいろな矛盾を抱えながらも世界がちゃんと成り立っていることに気づかされました。そうした多様な価値観を持つ社会のなかで人を動かすには、ロゴスとパトスに加えて、エトス、すなわち信頼に足る態度といったものが不可欠だと思うようになりました。アリストテレスの世界ですね。

福岡　澤田さんは、哲学者ですね！

ある限られた条件のなかで、最適解を求めるという土木工学のありようは、まさにロゴス的な行為です。私は生物学専攻ですが、まさに澤田さんと同じようにロゴスのなかで学問をしてきた時期があります。ちょうど私が学問を始めた1980年前後というのは、分子生物学が全盛の時代でしたが、分子生物学の基礎にあるのは「生命は情報である」という考え方です。したがって、遺伝子を解析して、遺伝情報によってどのようにタンパク質が構築されるのか、あるいはどのようなメカニズムでタンパク質が動いているのかといったことを調べ上げるのです。まさにロゴス的な解析を通じて、ミクロのレベルで生物のある種の設計図を調べようとしてきました。若者が学び、キャリアを形成するなかでは、ロゴス的なものを追求する道を取らざるを得ないのですね。

でも、どこかでそのあり方を反省する転換点があって、パラダイムシフトが起こるときが来る。私も一生懸命ロゴス的な営みを通じて、生物をミクロなものへとどんどん分解し、パーツに分けて、そのパーツを一つひとつ調べて、それらを組み合わせることで生物を理解しようとしてきました。そうこうするうちに、2000年代の初めに、ヒトゲノム計画[6]によって、人間のゲノムが全部読み尽くされてしまったんですね。これによって、細胞で使われているパーツがすべて明らかになるとして、大きな期待が寄せられていました。

ところが、この計画が明らかにしたのは、「生命（の情報）のすべてが明らかになっても、生命の成り立ちは一つも明らかにならない」、ということだったのです。つまり、ロゴスをきわめていった先に必ずしも解答がないということがわかった。ピュシスとして私たちが存在している以上、トレードオフや設計的な思想だけではけっして解けないものがある、ということなのだと思います。

6　人間の遺伝情報を内包するヒトゲノムの塩基配列の全解読をめざした計画。1990年に米国のエネルギー省と保健福祉省によって発足。2000年、10年がかりでゲノムの下書き版を完成、2003年に完成版が公開。

■進化の過程で魚の背骨は最後にできた

福岡　**設計的なあり方**に対立する概念として、**「生成的」なあり方**というものがあります。つまり、つくるのではなく、生じるのです。

たとえば建築家に、「理想の魚を設計してください」とお願いすると、建築家はおそらく魚の構造を考えて、まず背骨の軸を描いて、そして頭の構造をつくって、かっこいい尾びれを付け、骨を配置して、背びれなどのほかのパーツをつくっていくのではないでしょうか。これはまさに設計思想、ロゴス的な思想に基づくつくり方です。

一方、自然の進化の歴史のなかでつくられてきた魚を見ると、背骨ができたのは一番最後なんですよ。魚はもともと背骨のない、ナメクジやイソギンチャクのようなフニャフニャ、ニョロニョロしたものでしたが、そのままでは体を支えることができないので、大きくなれません。そこで、細胞が集まったときに、内側に何かかたいものをつくったほうがいいということになって、背骨ができたというわけです。

ちなみに、生命の38億年の歴史のうち、最初の30億年ほどは、生物は背骨を持ちませんでした。そして、いまから5億年くらい前にようやく、自然が背骨をつくって体を支えることを思いついたわけです。その後、魚から両生類、爬虫類、鳥、人間がつくられていきます。設計的に考えるなら、ある種の合理性に基づいて背骨をつくり、そこにどういうパーツを添えればいいかと考えますが、発生的なあり方では、そのときどきで必要なものがモニョモニョと集まってきて、骨が必要になれば骨をつくる（生じる）というわけです。つまり、構造がつくられるのは最後なんですね。

どちらが合理的で効率的かと言えば、人間のタイムスケールで考えると、一見、設計的なあり方のほうが合理的に見えます。しかし、それはある種の限定された環境や平時の場合に限られるのです。平時であれば、トレードオフの考え方に基づいて、効率性や経済合理性を優先してつくればいい。ところが、有事になると、設計時には想定し得なかったことが起きて、そのシステムはとたんにグラグラと揺らいでしまいます。

一方、発生的な方法で、長い時間をかけてつくられたものは、いかなることが起きてもそう簡単には壊れません。次に進むステップとして、つねに可変的な余地を残しているーー**余裕があることに生命進化の強靭さがある**のです。これはまさに、ロゴス対ピュシスの図式のなかで捉えられる重要な観点だと思います。

■「ピュシス対ロゴス」と西田哲学

澤田　発生的なあり方というのは、帰納法的なイメージですね。つまり、さまざまな事実や事例を積み上げて、それらの傾向を見ながら結論につなげていくという。一方、ロゴス的なつくり方は演繹的と言えそうです。

福岡　それは非常に良いたとえですね。

澤田　でも、そういうふうに考えること自体が、ロゴスに囚われているということですよね。

福岡　そうなんですよ。ピュシスを、言葉に置き換えて記述した時点でロゴスになってしまうという矛盾があります。しかし、人間の思考というのはロゴス的に説明をしなければ理解できませんので、ピュシスをなんとかロゴス的に理解しようとする努力を続けて、単純なロゴスに陥ることなく、ピュシスに学びながらロゴスをつくっていくという態度を取らざるを得ないと思っています。

澤田　そもそも、歴史を振り返れば、アリストテレスがピュシスへの探究を深めるなかで、結果的にピュシスとロゴスを切り分けてしまったわけですよね。そのアリストテレスの思想に基づく西洋科学、自然科学というのは、ある意味、ずるいと言うべきか、ロゴスのなかで存立するような論理を追究することに終始していて、それ以外のものは自然（ピュシス）だからわからない、というふうに分けてしまったのだと思います。

ところが西田哲学に代表される日本の近代哲学においては、実はそれがつながってい て、茫洋とはしているけれど、そのなかに論理的なものもあるし、そうでないものもあるという両立性に根ざしているように思います。つまり、矛盾する考えを受け入れるという、いわゆる「パラコンシステント」なイメージを描こうとしてきたのではないでしょうか。

福岡　まさにその通りです。やはり西洋的なロゴスというのは、ロゴスが通じる、ある種の限定的かつ人工的な空間のなかの論理で説明するものでしかありません。そこから抜け落ちてしまうもの、こぼれ出てしまうものは、ある意味、捨象してしまう。つまり、見て見ぬふりをして、論理的なある種のイデア空間のなかだけで成立したものを、理想のかたちだと考えてきました。

一方、西田哲学では、ピュシスの本質を見ようとしている。ピュシスの本質というのは、あらゆるものには相反する両面がある、ということです。つまり、ロゴスだけで説明できることはごく限られたことだけなんですね。生物だったら、分解しながら合成する、酸化しながら還元するといった、相反する営みを同時に行っています。そもそも、死と生も表裏一体ですし、あらゆるものは逆のものが同時に存在していますよね。それが本当の世界のありようだと西田哲学では言っていて、それは東洋的な思想に通底する考えだと思います。

ただ、西田先生はちょっとずるくて、うまく説明できなくなると、全部「絶対」という言葉で煙に巻いてしまうんですよ（笑）。

澤田　「絶対矛盾的自己同一」とかね。難解ですよね。西田幾多郎の『善の研究』[7]は、3回チャレンジして、3回とも挫折しました（笑）。

福岡　それは私も同じようなものです（笑）。

西田先生が言う絶対矛盾というのは、たんに矛盾しているんじゃなくて、矛盾している状態が同時に存在していることなんですね。「絶対無」と言えば、無と有が同時に存在することです。これは、ピュシスの本質を捉えようとした西田哲学の苦渋の闘いのなかから生まれた言葉だと思います。

7　西田幾多郎の最初の著書。1911年発表。デカルトなど近代西洋哲学の主体／客体の二元論を乗り越えるべく、いまだ主もなく客もない〈純粋経験〉から出発。そこから人間・倫理・宗教などの基礎原理を論理的に探求しようとした。日本最初の独創的な哲学書であり、一般読書人にも広く読まれた。西田哲学の最良の入門書。

木の年輪は、「環境を包み環境に包まれている」

澤田　福岡さんは西田哲学の本のなかで、西田哲学の絶対矛盾的自己同一と格闘しながら、理解への道筋を示されていましたね。そのたとえとして挙げられていたのが樹木の話で、「環境が年輪を包む、同時に、環境は年輪に包まれている」、というお話でした。

福岡　包み包まれる状態のことですね。

澤田　これがいまだに私はよく理解できていないのですけれども。樹木の年輪のなかに時間が含まれると考えてみると、時間軸と空間軸が同時に存在するということで、思考は量子力学へ向かってしまいます。

福岡　そうなんですよ。時間と空間は分けられないし、一つを見ようとすると、もう一つが見えなくなるというのが時間と空間の関係で、量子力学はまさにその理《ことわり》を示しているわけですよね。これはなかなか人間の常識的な感覚では理解しがたいものだと思います。先ほどの年輪のたとえは、まさに年輪を見るとそこに時間が包まれている、ということを言っています。つまり、年輪の輪を数えたら経過年数がわかるし、そのときにどれくらいの酸素や二酸化炭素があったのかとか、気候がどうだったのかということもわかりますよね。環境がすべて年輪のなかに包まれているので、年輪は環境、時空を含んでいるわけですね。

澤田　これはわかりやすいですね。

福岡　わかりますよね。でも同時に、年輪は時空を包んでいるだけでなく、時空に包まれている。それはたんに主語と述語を入れ替えただけじゃなくて、年輪自体が時空をつくり出している、と西田は言うわけです。そこは非常にわかりにくいなと私は思っています。あの本のなかで池田善昭先生といろいろお話をしながら一つ気がついたことは、年輪というのは一見、同心円状の輪っかのかたちをしていて、バウムクーヘンみたいに時を記録したものに見えますが、実は年輪自体も非常に動的なもので、絶えず細胞を分裂させながら年輪の輪を水紋のように生み出していますよね。そう考えると、年輪の側から環境に向かって汲み出されているものがある——つまり、年輪が環境、時空自体を包んでいるだけでなく、環境に作用し、時空そのものをむしろつくり出しているというふうに西田は言っているんじゃないかな、というのが私たちの答えなんですね。

澤田　そのお話からは、量子力学の「シュレーディンガーの猫」[8]を思い出します。

福岡　そうなんです。シュレーディンガーの猫の思考実験では、箱を開ける（観測する）

8　物理学者エルヴィン・シュレーディンガーが1935年に発表した量子力学に関する思考実験。観測するまで物事が決まらない不可解さを指摘。猫と放射性元素を密閉した箱に入れ、1時間当たりの原子の放射性崩壊確率を50％とし、原子崩壊を検知すると猫が殺されるしかけにする。1時間後の原子の状態は、放射線を放出した／していないという二つの状態の50％ずつの重ね合わせとなる。すると猫の生死も、死んでいる／生きているという二つの状態の重ね合わせになる。つまり箱を開けるまで生きている状態と死んでいる状態が重なっていることになるため、量子力学的記述は未完成であると主張した。

まで、生きている猫の状態と死んだ猫の状態が重なり合って存在しているけれど、箱を開けたとたん、どちらかに状態が決まってしまいますよね。それと同じで、年輪を数えようと木を切ってしまえばそこで時は止まったように見えますが、木のなかにある限りは年輪は見えません。年輪が木のなかにあるとき何が起きているかというと、つねに時間がつくり出されているわけです。だから年輪は時間や空間を内部に包みながら、同時にそこから時間や空間を生み出しているのです。

澤田　福岡さんのお話をお聞きして、西田哲学への理解が深まりました。

ピュシスの矛盾を受け止める哲学を

福岡　矛盾したものが同時にあるという状態は、西欧の方には通じにくいけれど、東洋思想の下では受け入れやすいのかもしれませんね。というのも、東洋思想では、人間を、矛盾を抱えながら相反するものが同時に存立するもの、として捉えているからです。つまり、人間というのは量子力学のように時間と空間が同時に存在しているものであり、絶えず外に向かって作用しながら、外からの作用を受け入れている。そういうものとして人間や世界を考えておかないと、いざ、デジタルやＡＩで未来の社会を築こうとしても、うまく解けない問題が出てくると思っています。**デジタルやAIというのは、ある意味、ロゴス的な究極の最適解を導き出すもの**ですからね。

ユヴァル・ノア・ハラリが描いた『ホモ・デウス』は、まさにそういう世界を予見していて、それですべてが解決できると考えたわけですが、それだけでは、やはり見落としてしまうことがあるだろうと私は思っています。

澤田　おっしゃる通りだと思います。そういう意味で、未来社会をより良いものにしていくためには、西田哲学のような思想が、普遍的な哲学として世界から求められているのではないかと思っています。実際、コロナ禍では、ソーシャルディスタンスを取りながら、一方では経済活動を持続的に発展させていくことが求められています。これはいままでのパラダイムから見ると矛盾しています。

これを両立させるために、リモートであったり、人間を介さずに自動でできるシステムであったりといったものが広まりつつあります。あるいは、グローバリズムであれば、同時にローカリズムを両立させるべきでしょう。これは海外の方にも理解される考えですが、かといってこうした論理を海外の方が展開することは少ないのではないでしょうか。

たとえば、中国に伝わる四書の一つであり、儒教の重要な経書《けいしょ》である『中庸』[9]は人間の本性を論じるなかで「善」に価値を置いていて、西田哲学に近い思想が語られていると思います。しかし、現代においては、この中庸や西田哲学のように、ピュシスを体現するような基本論理は存在しないように思います。

福岡　そうですね。ですから、そういう論理を我々が発信すべきだし、**日本のテクノロジーもそういう論理を尊重しながら発展する方向をめざしたほうがいい**と思っています。

2 データ駆動型社会を超えて
――生命の姿に倣うこれからのIT

■ **生命をコントロールするテクノロジーには注意を**

福岡　現在、人間がつくり出しているテクノロジーを考えるとき、コミュニケーションの多様性や緊密さを高めるとか、人やモノの移動をより速く、効率的にするとか、快適で安全なすばらしい都市をつくるとか、そういう人間の可能性を外部に向けて拡張す

9 朱子によって『論語』『孟子』『大学』とともに四書とされた儒教の代表的な経典。孔子の孫・子思［前492−前431］の作と言われている。「中庸」の徳だけでなく、「誠」「性」「道」「慎独」などについても述べている。

るためのテクノロジーについては、どんどん発展させていけばいいと思うんですね。しかし、**人間の内側、ピュシスへ攻め入ってくるようなテクノロジーのあり方については、人間は十分慎重でなければならない**と思っています。

とくに人間の生命をコントロールするような生殖テクノロジーや遺伝子の編集テクノロジーなどは十分な注意が必要でしょう。ピュシスとしての生命体の気まぐれさや複雑さ、多様さを、あまりにも単純化して機械論的に操るのは危険です。

澤田　そうですね。この数十年間で発展したインターネットの本質はプロトコル（通信規約）とデジタルにあると思っています。これに伴い、通信の世界もこの数十年間、デジタル化を進めてきました。いわゆるなめらかな波の状態をデジタルの0、1で表すために、定期的にその状態を細かく切って（量子化して）、8ビットで整列に直して（符号化して）、それを復元してということを突き詰めてきたわけですね。たとえば音声なら、たくさん情報を送って、より自然な音に近づけようとしてきた。それは、福岡さんがおっしゃるように、人と人とのコミュニケーションに寄与するものであり、さまざまなものがたいへん便利になります。

ところが、5G、さらに6Gの世界になると、大容量の情報を瞬時に送ることが可能になり、模擬的にサイバー空間上で扱える対象もぐっと広がります。そうすると、どうしても技術の矛先が、より複雑な人間の身体の内側へと向いてしまいがちです。そうしたなかで最近、恐れられているのが、ＡＩが人間を超えるとされるシンギュラリティですよね。もっとも私は、シンギュラリティはそう簡単には来ないと思っているのですが……。

しかし、いずれ死なない人間をつくることは可能になるかもしれません。エントロピーが増大した部品を置き換え続けていけば、それもまったく不可能というわけではないでしょう。しかし、これはまちがった方向性だと私は認識しています。ピュシスとしての人間は必ず死ぬわけで、私は、人間はちゃんと死ななければならないと考えているのです。

もう一つ、近年、注目される技術にデジタルツインがあります。これは本来、モノやシステムのツイン（双子）をサイバー空間につくり、サイバー上でシミュレーションをすることで、あらかじめ挙動を確かめたり、将来を予測したりするために使われる技術ですが、その対象もすでに人間へ向かいつつあります。そしてやがては、福岡さんや私のツインをサイバー空間上に再現できるようになるかもしれません。でもそうすると、西洋哲学で言うところの「我思う、ゆえに我あり」（デカルト）ではなく、我＝彼（ＡＩ）になってしまうかもしれない。あるいは、サイバー空間上に、複数の主体（我）が現れたときに、何をもって自我を規定していったらいいのか――これまで哲学で議論されてきた存在論自体を問い直す必要が出てくるように思います。

このように、物理的に身体の内側に向かう技術だけでなく、人間の精神や存在に関わる技術が発展しつつあるいま、議論を深めて、新たな哲学を構築する必要があると感じています。現状のように技術だけがどんどん先行していくと、いずれ、思いもよらない、とんでもない問題が出てくる可能性があると危惧しています。

福岡　おっしゃる通りですね。

生命の本質は、「自分自身を壊せる」こと

福岡　たまたま、今日の朝日新聞にコラムを書いたのです。その内容は、シンギュラリティは近いとするカーツワイルの説や、ハラリの『ホモ・デウス』では、ＡＩ全盛の未来が朗々と語られていますが、ピュシスをちゃんと見れば、そんな未来はけっして来ない、という反論です。彼らは、究極なまでに生命を模倣して、人間のさまざまな不完

全性をデジタルに置き換えて不老不死のような姿を実現したり、あるいは人間の考えや身体情報をすべてデジタルに置き換えてサイバー上のアバターとして永遠に生きていくといった未来像を描いているわけですが、これはロゴスの誤謬《ごびゅう》と言うべきでしょう。彼らは人間のピュシスとしての生命をちゃんと見ていないし、「生物学をもう少しきちんと勉強してください」と、私は言いたいのです（笑）。

生命が生命たるゆえんはいったい何かというと、「自分自身を壊せる」ことです。自己を破壊できて、それも率先して自分自身を壊しながら、なんとかエントロピー増大の法則[10]に抵抗している、それが生命の本質です。ご承知のように、エントロピーというのは、つねに秩序ある状態から秩序のない状態へ向かいます。いわば、物質はエントロピーの坂をどんどん転がっていくけれど、それに抵抗するために、生命は自分自身を先回りして壊しながら、エントロピーを捨てながら、つくり替えている。それが生命の本質であり、それこそが私の言う「動的平衡」の姿です。

生命というのは、つねにエントロピー増大に先行して自分自身を壊さなければならないので、相対としては、合成する速度よりも分解する速度のほうが速くなってしまいます。そうすると全体としては少しずつ分解されていってしまうので、個体の生命には限

10 エントロピーとは物理学において無秩序な状態（乱雑さ）を定量的に表す指標。事物は放っておくとエントロピーが増大し続け、外から仕事を加えない限り自発的に元に戻ることはないということ。

りがあるのです。

おそらく、将来、人間のある状態をＡＩにそのままうつし替えるということはできるようになるでしょう。しかし、生命はつねに自分を分解しながらつくり替えているという非常に動的な、一回性のものなので、ある時点での静止画像としてうつし替えたところで、それは生命の本来の姿とは言えません。絶えず自分自身を壊しているというところが生命においてもっとも大切なことなので、いくら人間をＡＩにうつすことができても、生命の自己破壊までは再現しきれないのではないでしょうか。

澤田　うつせないですね。つくる前に壊すというプログラムを組むと、因果律を無視することになって、動く前につぶれてしまいます。

生命に倣う「相補性」と「自律分散」

福岡　基本的に深層学習に代表されるＡＩというのは、履歴の集積であって、因果律を蓄積して、そのなかから最適解を見つけるという方法ですよね。だからＡＩが自分自身に蓄積した履歴を壊し、因果律を壊して再構成しようと思うと、もはやインテリジェントなものではなく、むしろスロットマシンやルーレットに近い何者かになるように思います。

澤田　確率論になりますね。

実のところ、現状のＡＩの方法論だけでは、完全な自動運転であるレベル5は、まだ当分のあいだ、実現しそうにありません。過去の履歴データを外挿しただけでは、すでに起こったことしか予測できませんし、かといってありとあらゆる状況を想定しようにも限界があります。仮にあらゆる条件をプログラムに書き込んだとしても、計算量が膨大になって処理し切れません。

いまトヨタと共同でコネクティッドカーの研究をしているのですが、３０００万台分の車の動きを蓄積したＡＩシステムで数十メートル先の信号を判断させようとすると、現状は7秒もかかってしまうのです。

福岡　7秒もかかるんですか。とても間に合いませんね。

人間は自分自身を壊しながらつくり替えているけれど、確率論的に再構成をしているわけではありません。**「相補性」の原理**と私は呼んでいますけれども、ジグソーパズルのピースみたいに、一つのピースが欠けても、まわりのピースが残っていれば欠けたピースの位置とかたちが保存されるので、そこに新しいピースをつくってはめることができますよね。生命が先回りして自分自身を壊す際に、一部のピースが抜けてしまっても、元の関係性が保たれている限りにおいては全体の絵柄は変わりません。それでいて動的である以上、少しずつ変わっていくし、元あった状態とはちがう組み合わせができたりする。そのような生命の営みを、現状のＡＩの延長線上につくることはけっしてできないだろうと思います。

澤田　確かにそうですね。先ほどの自動運転の7秒の遅れを解決するには、7秒後ろから来る車に判断させればよいわけですが、そのためには車同士が相互に連携する必要があります。群れとして車が自律分散的に動くわけですね。つまり、協調と共創が不可欠になります。

福岡　それは「利他的」なふるまいですね。

澤田　なるほど、利他ですね。

福岡　たとえば、イワシやヒヨドリの群れというのは、別にリーダーがいるわけじゃなくて、それぞれの個体が近傍の動きを見ていると同時に、ある種の量子的な状態を皆が共有していると言われています。だから、その集団の一部が外敵に襲われたら、皆が瞬時に身を翻して、群れのかたちを変えることができるのです。その原理はまだちゃんと解明されていませんが、数理科学や量子生物学などの分野で研究が進められています。
先ほどの自動運転車も、一つの車がすべての情報を認識して処理していたら7秒もかかってしまうけれど、群れとして利他性の原理で分散的に情報処理をすれば、全体として瞬時に最適に動く、ということが可能になるかもしれません。まさに、「ピュシスに学べ」ということですね。

いちいち脳に聞くより、現場で素早く処理を

澤田　行動経済学の始祖の一人で、ノーベル経済学賞を受賞した、ダニエル・カーネマンは、著書『ファスト&スロー――あなたの意思はどのように決まるのか？』（早川書房、2014年）のなかで、人間の意思決定には、直感的・感情的な「速い思考」と、意識的・論理的な「遅い思考」があると言っていますね。その両方の思考を持ち合わせていないと、いちいち脳にお伺いを立てていたら、咄嗟の対応には間に合いません。そういうところも生物に学ぶことができそうです。

福岡　まさにそうですね。人間は、あらゆる情報が脳に達してから、それを脳が判断して動いているわけではなく、実際はローカルに自律的に機能していることのほうが多

いわけです。だから条件反射的に動くことができる。代謝や内臓の働き、呼吸、心臓の動きなども、いちいち脳にお伺いを立てることなく、自律的に働いています。そもそも、進化論的には、脳はずっと後になってできた器官なんですよ。

実際に、脳なんてなくてもうまくやっている生物はいっぱいいます。ミミズやナメクジは、末梢の反射だけで外部環境を捉えて、応答しているわけですが、それでも全体としてはうまく動くことができていますよね。

澤田　そうした姿は、現在、計算機能を分散させてローカルに持たせ、リアルタイムに素早い処理を可能にするエッジコンピューティングの概念にも通じるところがあります。

福岡　そうですね。生物に倣う相補性と利他性がうまく重なり合えば、全体的に動的平衡のシステムができるわけですが、この話を以前、サッカーの元日本代表監督の岡田武史さんにしたら、「福岡さん、それは面白い考え方ですね。もし動的平衡に倣うサッカーができたら、個々人の選手が反射的にローカルに状況判断をして動くという、理想的なサッカーができます」とおっしゃったのです。その通りなのですが、でも、そのときにはもう監督はいりません（笑）。

澤田　最後に挨拶するだけですね（笑）。

福岡　**中枢のデータセンターとか司令塔のようなものを置かない、分散的なしくみを**つくるというのも、これからのテクノロジーの課題になってくるのでしょうね。

人間だからこそ「コネクティング・ザ・ドッツ」を結ぶことができる

福岡　ところで、スティーブ・ジョブズが2005年にスタンフォード大学の卒業式で行った、伝説のすばらしいスピーチをご存じかと思います。このなかで彼は、最初に「コネクティング・ザ・ドッツ」の話をしていますけれど、これは、人生のなかにはさまざまなドッツ（点）が散らばっていて、その点は一見、どれも自分の人生のなかでは無関係に見えるけれど、あるとき、まったく突然に、何の履歴を持つことなく、関係性をつなげることができる、という話です。

その例として挙げたのが、カリグラフィー（西洋書法）の話でした。ジョブズは、リード大学を中退した後、キャンパスをぶらぶらしていて、偶然、カリグラフィーの授業に出会い、勉強するようになったのだと言います。その後、そのことはすっかり忘れていたのだけれど、10年後に、アップル社をつくってマッキントッシュのデザインをしているときに、カリグラフィーの授業が蘇り、それをMacに詰め込むことで、Macは美しい活字フォントを備えた最初のコンピュータになったのだと語っています。見えないドッツが結ばれた瞬間です。

この話を例に引き、ジョブズは、スタンフォード大学の卒業生に、人生にはあらゆるドッツが転がっていて、それは過去を振り返ったときにしか見えないけれど、将来、その点と点が結び付くと信じなければならない、と語っています。この話は、**人間はまったく履歴がないにもかかわらず関係性をつなげることができる**生き物であり、ビッグデータ解析やAIとはちがう方法で、想像したり発見したりしているということを示唆しています。このように、自分自身を壊すことと、新たにつくるときに新しいドットをつねに結び合わせることができるところにも、ピュシスとしての人間のすばらしさがある。ITやAIは、それらを補完するものとしてあるのはいいけれど、人間を代替しようとするのは誤謬であり、傲慢なことだと思います。

澤田　そうですね。いま、案じているのは、コネクティング・ザ・ドッツを持つのが人間としての一つのピュシスのかたちであるにもかかわらず、情報社会は真逆の方向に行っているように感じることです。この流れをなんとか食い止めたい、というのが情報通信会社としての一つの使命だと感じています。

3 生の多様性と利他的共存 ―― IOWNのめざす世界

■「環世界」の共生を促す情報社会をめざす

澤田　『生物から見た世界』を著した生物学者のヤーコプ・フォン・ユクスキュルは、環世界（Umwelt）という概念を提唱していますけれど、これは、生物は個体によってまったく異なる世界（知覚世界と作用世界）を持つという主張です。

福岡　澤田さんは相当な読書家ですね！　ユクスキュルを読んでいる工学部出身の人は、ほとんどいないでしょう。

澤田　いま、我々はＩＯＷＮというインターネットに代わる、将来の通信インフラ基盤の研究開発をしているところなんですね。そのなかで、ユクスキュルの環世界を、新たな視点で捉え直し、多様な環世界をコネクティングする、あるいは**それぞれの多様な環世界を理解し、互いに共生できるような社会を築くことが、研究開発の一つのコア**になると考えているのです。

たとえば、SNSがいい例ですが、情報通信技術はいまやサイロ化を促し、個々人の好みのものだけにフォーカスするようなエコーチェンバーの役割を果たしてしまっていますよね。

福岡　小さな環世界がいくつも生じているような感じですね。

澤田　そういう状況では、セレンディピティが起こらないと思うんですね。それによって分断を推し進めるような厳しい時代に突入していると感じています。だからこそ、IOWNの研究開発に際して、福岡さんのような方との対話を通じて、ピュシスの思想を基本に置いたような、西田哲学で言うところの「絶対矛盾」を体現するような方向感を養い、社会学的な知見なども取り入れていくことが不可欠だと思っているのです。

福岡　IOWNというのは、「アイオウン」と呼ぶのでしょうか？

澤田　はい、「アイオウン」なんですが、「アイオーン」と伸ばしたほうが、欧米の方にはしっくりくるようです。

福岡　この構想が、多種多様な環世界の理解を促すものになるというのは、非常にすばらしいと思います。これからの**未来社会における情報通信技術が、閉じた個別のエ**

コーチェンバーをいくつも生み出し、分断を推し進めるようなものになってはならないし、技術の開発側がそうした問題意識を持つことは非常に大切です。ITというのは、人間のコミュニケーションを促し、相互理解を深める環境をつくることができると同時に、きわめて限られた村社会のようなフィルターバブルをもつくり得てしまうところに、大きな相克、矛盾があるのですね。

■自然の掟を超えて個に価値を見出したロゴス

福岡　この問題もまた、ピュシスとロゴスの図式で考えることができます。

人間はロゴスを生み出すことによって、さまざまな構造化や分類、世界を整理することに成功し、種の保存というピュシス本来の生命の目的よりも、「個」の生命に価値を置いた唯一の生物です。ピュシスの目的は種の保存ですから、本来、生物は「産めよ、増やせよ、地に満ちよ」を実践することが大切になるわけです。だから、魚や虫は何万個も卵を産むわけですね。もちろん、大半はほかの生物に食べられたり、波に流されたり、風に吹かれたりしてのたれ死んでしまうけれど、ごくわずかな生き残りがパートナーを見つけて、次の世代へ種をつむいでいく。そういう営みを何億年も続けてきたわ

PHOTO : Munemasa Takahashi

けです。つまり、種の保存の観点から見れば、個の生命は種の存続のための一ツールでしかありません。それがある意味、生命の残酷な掟なのです。

一方、人間は脳を発達させて、言語を生み出し、種の保存自体を言語化し、遺伝子の命令も相対化してきました。そして、種の存続よりも個の生命のほうに価値があるということに、初めて気づいたのです。だから、基本的人権が成立するのであって、種の保存に寄与しない個体が責められることもありません。ＬＧＢＴＱの人たちが種の保存に寄与しないからダメだといった発言がたびたび聞かれますが、それはロゴスとピュシスの関係をまちがって解釈しているんですね。ピュシスの掟は確かに種の保存にありますが、**人間が人間たるゆえんは、個の生命の自由を約束できたこと**にあります。だから人間は、「産めよ、増やせよ」に参画しなくてもいいし、個々の生命に価値があることを約束した唯一の生物なのです。これは、**ロゴスのもたらしたもっとも大切なこと**と言えます。

しかし個が個の自由を謳歌する一方で、種と個のあいだにさまざまなある種の偽の階層をつくり出したのもまた、ロゴスのしわざです。すなわち人間は、人種、国家、民族、宗教などを生み出しました。そして現代では、インターネットの発展に伴い、また新しいエコーチェンバーと言えるようなグループを、個と種のあいだにつくり出しつつある。これらのグループを閉じないようにしながら、**いかに全体としていくつもの環世界が豊かに共存するエコシステムをつくっていけるかどうか**が、IOWNに問われている課題になるのではないかと思います。

澤田　おっしゃる通りだと思います。

すべての電子機器を「光」で動かす世界

澤田　IOWN構想を実現するためには、現在進められているデータ駆動型社会に根ざしたさまざまな技術開発が不可欠ですが、現在のネットワークやコンピュータではまったく能力不足なのです。このままの方法で思いっきりデータ駆動型社会に舵を切ったところで、結局、一部の環世界の人だけが利益を得たり、地球資源を消費し尽くしたりしかねません。

そこで求められる命題が、情報通信技術の研究開発と同時に、**エネルギーや環境の問題を解決できるような画期的なブレークスルー**です。ここで我々が、IOWN構想の核に据え、着目しているのが「光」です。つまり量子の世界ですね。現状は、電子部品はすべて電気で動いているわけですが、これらを**すべて光子で動く世界に変えられないか**というのが最大のテーマです。電子を光子に替えることができると、エネルギー効率を圧倒的に高めることが可能になります。

非現実的だと笑われてしまうのですが、私がめざすのは一人一波長の世界なんですね。現状、波は有限ですが、これを細分化していくことで一人一波長のユニーク性を持つことができ、これまでとは比べものにならないほどの利便性と信頼性、安全性を担保できる世界を築くことができる可能性があります。

いずれにせよ、光の性質を最大限利用することで、さまざまなサービスをユニバーサルに受けられるようになる。そうした未来社会を思い描いています。**光の技術をベースにしながら、すでにできあがっているさまざまな環世界がうまく共存できるよう、世界の分断を食い止めることに貢献したい**と願っているのです。

福岡　新しい技術は分断を進めるのではなく、むしろ調和、融合を進める、あるいは隔たっていたバブルを理解し合うようなツールにならなければならないということですね。

これからのITと新たな生命哲学の必要

澤田　しかし非常に難しいのは、融合を推し進めようとすると、裏側で、犯罪やなりすましのリスクの規模が非常に大きくなってしまうことです。たとえば、「澤田B」をサイバー空間にうまくつくれてしまうんですね。

福岡　個人認証を厳しくするといったことも裏面でやっていないといけないわけですね。しかしそれが過ぎると、また袋小路に入ってしまいそうです。

澤田　おっしゃる通りです。行き過ぎると全体主義に戻ることになってしまいます。確かに、新しい情報通信システムというのは、人を管理するという意味では非常に優れていて、全体主義に非常にフィットします。しかし、それは個の幸せにはつながらないでしょう。

福岡　とくに、コロナ禍では、一人ひとりの動きをトレースするような高精度な技術を用いて、ウイルスを征圧しようといった方向に進みがちです。

澤田　ドイツの哲学者マルクス・ガブリエル[11]は、最終的に倫理が必要だと唱えています。しかし現状は、倫理という言葉がグローバルに定義され、共有化されているわけで

11［1980―］21世紀の哲学として注目されている「新実在論」の旗手の一人。史上最年少でボン大学教授、同大学国際哲学研究センター長兼務。環境問題や貧困はグローバル経済の行きすぎの結果であり、コロナ後の世界は価値観の中心が倫理となる「倫理資本主義」となると指摘。倫理と経済は相反するものではないとし、倫理に基づく再配分の必要を訴えている。

はないと思います。パンデミックは、ある意味で、コロナを抑えつけるためなら多少は個の自由を束縛してもいいといったような、全体主義に向かう空気を醸成してしまったとも言えます。一方、ピュシスにまかせて、集団免疫を獲得すればいい、何もしなくていい、という人々もいる。どちらも両極端ですね。

福岡　いずれも物事を単純化しすぎているように感じます。人間はロゴスとピュシスのあいだを右往左往しながら、なんとか落とし所を見つけていく生物です。それをふまえた**新しい生命哲学が必要**だし、またそうした**哲学や倫理が、ＩＴの研究開発に関わる方々、一人ひとりに求められている**のではないでしょうか。

■進化のジャンプを助けた利他的なふるまい

福岡　倫理に根ざした社会のあり方に関して、これもまた私は生物に学ぶべきだと考えています。１９７０年代に、リチャード・ドーキンスの『利己的な遺伝子』[12]（紀伊國屋書店、２０１８年）という本がベストセラーになりましたね。以来、遺伝子は利己的だと言われ続けてきたわけですが、私は、遺伝子は必ずしも利己的ではない、と思っているのです。遺伝子は自分を増やすことだけを考えていると言われているけれど、実はそう

12　動物や人間の社会で見られる対立や保護行為、攻撃やなわばり行動などがなぜ進化したかを、遺伝子の視点から解明。「利己的に行動すべき生物が、利他的行動をするのはなぜか」という生物学の大きな謎を「生物は遺伝子に利用される乗り物にすぎない」という比喩を用いて説明。世界的ベストセラーとなり、論争を巻き起こした。初版は１９７６年。

ではなくて、先述のように、個体のレベルで考えると、**生物はむしろつねに利他的にふるまうように見える**からです。

たとえば植物の場合、植物の光合成がすべての生物の基盤となっているわけですが、もし、植物が自分に必要な分しか光合成をしなかったら、他の生物が存続できる余地はまったくなくなってしまいますよね。植物は実を虫や鳥に食べさせることによって種を拡散する利己的な生物のように見えますが、実際は、たくさんに茂らせた葉っぱや実を他の生物に食べさせ、あるいは葉を落とすことで土壌を豊かにしています。惜しげもなく光合成をすることで、他の生物に余剰の分を与えている。これはある種の利他的なふるまいと捉えることができるわけです。

そうしたことは、さまざまな生物の局面で見られます。たとえば、ある種の吸血コウモリの場合、家畜に取りついて血を吸って巣に戻ってきたとき、たまたま幸運にもたくさん血を吸ってくることができたコウモリが、血を吐き戻して他の個体に与えるという利他行為が見られます。それは血縁のある近親者に対してだけでなく、どの個体に対しても同じようにふるまうことが明らかになっています。

また、生命進化の歴史を見ても、生命にとって大きな進化のジャンプはすべて利他的な行為から起こっています。最初のジャンプは、いまから十数億年くらい前に、大腸菌のような原核細胞から、ミトコンドリアや葉緑体などを持った真核細胞へと進化した出来事です。なぜ、そのようなことが起きたかというと、そこに利他的な共生が起こったためです。

それまでは大きい細胞が小さい細胞をパクパク食べていたのですが、あるとき、食べて消化してしまうのではなく、細胞のなかに小さい細胞を温存し、共存してみたら、お互いにいいことが起こったんですね。小さい細胞（ミトコンドリア）はエネルギーの生産効率が高く、大きい細胞に寄与するし、逆に大きい細胞は小さい細胞を外敵から守ってくれるので、小さい細胞は大きい細胞のなかで増殖できる、というわけです。

さらには、クロレラのような単細胞の光合成細菌が、大きな細胞に寄生し、細胞のなかで光合成を行いながら増殖するようになったことで、葉緑体が生まれ、これが高等植物へと進化する起源となりました。このように、**それぞれの生物がさまざまな得意分野を持ちながら、それを誰かに手渡すというのが利他の基本であり、生物の進化を支えてきた**と言えます。

今西錦司の「棲み分け理論」が示唆するもの

澤田　進化のプロセスには、さまざまな利他的なふるまいや役割分担があったのですね。

福岡　そうです。単細胞が集まって、たんなる群体[13]だったところに、それぞれの細胞が自分の得意分野を伸ばすことによって全体に寄与するようになったというのが多細胞化です。これもある種の利他的な行為による進化ですよね。

実はもう一つ、私はいま、西田幾多郎先生との対峙を経て、次の課題として、同じ京都学派の今西錦司の生命進化論、「棲み分け理論」について、いま一度、読み解こうとしています。この今西の理論は現代では顧みられなくなってしまったものなのですが、いまこそ再評価すべきだと思っているのです。

棲み分け理論というのは、生物が互いに自分の分際をわかって、互いに退去し合ったうえで、ぼんやりした「あいだ」というか、境界線にならない動的な平衡の界面をつくっているという考え方です。今西は、カゲロウの生息分布を調べ、流れの速度や水の深度によって、異なる種があたかも他を尊重するかのように棲み分けている様子を発見

13　無性生殖（分裂、出芽）によって増殖した多数の個体がくっついたままで、一つの個体のような状態になっているもの。原生動物、海綿動物、ボルボックス（緑藻類）、サンゴ（刺胞動物）、クダクラゲ（腔腸動物）、コケムシ類（外肛動物）、ホヤ類（原索動物）など、主として海産無脊椎動物のさまざまなグループに見られる。

したんですね。先ほどのユクスキュルの環世界にも通じるありようです。しかし、近代ダーウィニズムはこれを認めていません。

ダーウィンの進化論では、競争の結果として起きたことしか進化のフィルターにかからないはずだと考えられてしまうので、生物同士が勝手に協力しているような「美しい調和」のようなものは認められないのです。しかし、昆虫大好きな元「虫捕り少年」だった私は、蝶の幼虫が種ごとに食べる草を分けている姿などを幼い頃から見ていましたので、今西錦司の棲み分け理論のほうがしっくりくるのです。

澤田 よくわかります。ダーウィンの言う、突然変異による進化論だけでは説明がつかないことがあるように思いますし、生物というのはうまく棲み分けているように見えますよね。

福岡 そうなんです。空間も食べるものも棲み分けているし、食う／食われるという関係であっても、うまく共存しながらバランスを保っているように見えます。

澤田 そもそも、ダーウィンの進化論を突き詰めていくと、結局、多様性を認めなくなって、一種類の生物になってしまうのではないでしょうか。

福岡 そうなんですよ。環境に最適化した一種類の生物だけになりかねません。地球の多様性はダーウィニズムだと、どうしても説明し切れないのです。あるものが最適化しているのは説明できるけれど、それだけではないわけで、似たものはたくさんいるのに、なぜ共存できているのかという話になってくると思います。**それぞれの環世界との相互作用のなかで、いかにニッチを見つけて棲み分け、多様性が生まれたのか**ということを再検討する必要があると私は思っていて、そういう意味で、今西の進化論に光を当てたいと思っているのです。

澤田　ダイバーシティやインクルージョンをめざす世界を築くうえで、今西の進化論というのも、一つのヒントになるわけですね。

■ 人類は地球上に現れた最強最悪の外来種？

福岡　人間も、生物のあり方に倣って、さまざまな行為において利他性や共生を基本にすると、そこに**自ずと倫理が生まれてくる**のではないかと思っています。ＳＤＧｓにしても、環境や社会に対する義務として課されると難しい。たとえば、１００しか手元にないなかから無理やり10を寄付しなさい、と言われると、それは**強制ですから、倫理は生まれません**。ところが、どんな生物も、１００あるリソースを１１０にしたり、

120にしたりできる得意分野を持っていて、またそうできる機会があると思うんですね。実際に、生物はそのときにつくり出された10とか20の余剰を誰かに手渡すということをつねにやっています。そして**余剰分のバトンタッチがぐるぐる回っていることで、地球環境全体が持続的に維持されている**のです。

しかし人間だけがロゴスの力によって私有財産をつくり、貨幣を貯め込んで、110できても、120できても全部自分のものにしてしまう。それがロゴスが生んだ大きな矛盾なんですね。

澤田　人間は悪いヤツじゃないですか（笑）。

福岡　そうなんです！　人間は地球環境に現れた、最強最悪の外来種なんです。

澤田　外来種ですか。

福岡　よく、ブラックバスを駆除しなければならないなんて言っていますけれど、人間自身が地球環境に最後に現れて、ロゴスを展開したおかげでこんなに人口が増えて、地球環境に多大な負荷をかけているわけなので、この責任を本当は取らなきゃいけないんですよ。

澤田　そうなるとロゴス対ピュシスの関係性で考えた場合、いまのロゴスの設計思想やロゴスが築いた知の構造自身がよろしくないので、もう少しピュシスの動きを捉えたロゴスにすべきという考え方で進めるべきですよね。

福岡 その通りです。ピュシスには、利他性があり、自己破壊があり、エントロピー増大になんとか抗していこうとする健気さもある。そして、他者と相補的な関係性を持ちながら、地球環境を維持してきました。その**ピュシスに学び、そのあり方をロゴスに取り入れることが肝要**だと思います。そうすれば、ロゴスによるトレードオフや最適解だけに頼ることなく、もう少し相互補完的な多様な環世界をつくれるんじゃないかなと思っています。

統合的な新しいロゴスをめざして

澤田 しかし一方で、ピュシスのありようを、すべてロゴスに取り込むことはできないわけですよね。

福岡 ええ、全部を入れることはできないんですね。そもそも、人間の内部のピュシスをすべてデジタルで置き換えることはとうていできません。とくに、人間同士の親密な関係や性的な関係など、絶対にデジタル化できないものは残ります。だから、そういうピュシスを尊重しながらもロゴス化できる部分は追求して、より公平で透明性の高い社会を築いていくべきでしょう。そのためには、繰り返しになりますが、**新たな生命哲学**を持たなければならないのだと思います。

澤田　やはり、生命科学を生命哲学や倫理なども含めて学問としてより探究し、そこから得られた新しい知見を人間の生活や工学をはじめとするさまざまな学問に取り入れ、見直していく努力がいりますね。

福岡　はい。現代では、学問が細分化してロゴス化しすぎたがゆえに、ある種の閉じたエコーチェンバーを無数に生み出している状況です。その分断されてしまったものをふたたび融合していく、学際的に統合していくというのも、我々、学術研究に関わる人たちに課された課題の一つです。

もっとも、ロゴスを否定するつもりはまったくありません。インターネットテクノロジーのおかげで、我々は世界中のどこにいてもあらゆる文献にアクセスできるようになったわけで、その恩恵は絶大です。ですから、そのしくみを活用して、自由に渉猟しながら、**より統合的な新しいロゴスへ向かうこと**が大事なんじゃないかと思っています。

澤田　インターネットが爆発的に世界に広まった１９９０年代には、今後の情報社会をどのように発展させていくのかという議論がさまざまにありましたが、30年を経て、情報へのアクセスという意味では圧倒的に便利になったけれど、一方で分断を助長し、現代ではそれがより加速されてきていて、当初描いていた理想とはかけ離れつつあるように感じています。だからこそ、我々はIOWNで、人間の本質であるピュシスを理解するような姿を追求しなければならないと思っています。

福岡　人間がピュシスとして生きている生命体であるということの事実からはけっして目を背けることはできないし、つねに自己を破壊しながら無関係なドットをつなぎ合わせながら生きているということの人間のあり方は、いくらシンギュラリティが来ようともAIでは凌駕できません。NTTがIOWNでその人間のあり方を尊重するような世界を切り拓いていくことに大いに期待しています。

グローバルとローカルの〈あいだ〉

多様なローカリティに根ざした新しい社会のデザインを

Dialogue 02

山極 壽一
[人類学者]

×

出口 康夫
[哲学者]

山極 壽一（やまぎわ・じゅいち）

1952年、東京生まれ。霊長類学者・人類学者。京都大学理学部卒、同大学院理学研究科博士課程研究指導認定、退学。理学博士。ルワンダのカリソケ研究センター研究員、日本モンキーセンター、京都大学霊長類研究所、同大学院理学研究科教授を経て、第26代京都大学総長をつとめる。2021年4月より総合地球環境学研究所所長。主な著書に『暴力はどこからきたか』（NHK出版）、『「サル化」する人間社会』（集英社）、『父という余分なもの』（新潮社）、『スマホを捨てたい子どもたち』など多数。

出口 康夫（でぐち・やすお）

1962年、大阪生まれ。哲学者。京都大学文学部卒、同大学院文学研究科博士課程修了。博士（文学）。現在、京都大学文学部哲学専修教授。同大学副プロボスト。2020年より、同大学人社未来形発信ユニット長としてオンライン公開講義「立ち止まって、考える」を主導。研究分野は、確率論・統計学の哲学、科学的実在論、シミュレーション科学・カオス研究の哲学、カントの数学論、分析アジア哲学など多岐に渡る。近著に『*What Can't Be Said: Paradox and Contradiction in East Asian Thought*』（2021, Oxford University）がある。

1 オンラインで伝わるもの、伝わらないもの

オンラインの良さと抜け落ちるもの

澤田　本日は、昨今のコロナ禍の影響をふまえ、今後、加速していくデジタル化が私たちのコミュニケーションや社会にどのような影響を与え得るのか、さらに私たちはどのような未来をめざして進むべきなのか、ご意見をいただきたいと思います。

まず、それぞれコロナ禍で感じられたことについてお聞かせください。たとえば、大学では、ソーシャルディスタンスを確保するために遠隔授業（オンデマンドおよびオンライン授業）が導入されました。一方で、新型コロナ接触確認アプリの導入など、プライバシーを守りつつも個人の行動をトレースするような新しい動きもありました。こうしたさまざまな社会の動向について、先生方はどのようにお感じになりましたか。

出口　私が勤めている京都大学でも、2020年春から遠隔授業が実施されてきました。今後、いつから、またどこまで対面授業に戻るのか、まだまだ不透明な状況です

が、私自身は遠隔授業にもそれなりに良い点があったと感じています。たとえば、対面授業で手を挙げて質問するのは気が引けるけど、Ｚｏｏｍを使った授業ではチャット機能を使うことでより気楽に質問や議論ができるようになった、という学生の声も聞きます。また英語で行っているゼミには台湾や北京など、海外からリアルタイムで参加する人もいます。遠隔授業では、こうした大学の授業の新たな可能性が芽生えているとも言えます。

一方、感染が比較的収まっていた時期に、久しぶりに対面で行った大人数講義では、講義が終わった後に、学生が教壇の近くまで質問に来るという従来の光景がふたたび見られました。質問する側もされる側も、お互いの身体をさらしつつなされる生のやり取りには、やはりＺｏｏｍのチャットとはちがった迫力があり、勢い、学生もより食い下がった質問をしてくるような気がしました。こういった対面による議論の醍醐味は、遠隔授業では失われてしまいます。結果として、遠隔には良い面と悪い面の両面があると改めて感じました。

山極　同感です。私なども国際会議を主催したり、参加したりすることがよくありますが、国際会議は遠隔開催によってかえって人が集まるようになりました。これまででは考えられないような、きわめて低いコストで国際会議を開催できるようになり、参加する側も、続けて二つの会議に参加するなどという離れ業もできるようになりました。時差の問題はあるにせよ、一カ所に集まって会議を開く必要性がなくなったというのは、時間もコストも軽減できるという意味で、大きなメリットをもたらしました。

しかし、出口さんも指摘されたように、直接、面と向かって交わされる対話には、遠隔では補えないものがある。そうした対話のなかにこそ、創造性がある、とも感じています。

対面による会話では、相手の頭のなかを読みながら自分の言いたいことを考えて発言しますし、相手が言ったことに対して触発されて反論し、それにまた相手が反論をするという、瞬間芸があります。これこそが対話です。対面での言葉の持つ魔術ですね。この対話のなかで実はいろんな気づきが生まれるわけです。

オンライン形式のチャットでは、そうしたやり取りが演じにくく、いわゆる創造的な思考（クリエイティブシンキング）が生まれにくい。知識を伝達する、たんに情報を共有する、というだけなら、オンラインでも十分に効率的にできるでしょう。ところが、クリエイティブな思考をお互いに交わしながら、ともに新しいものをつくっていくということとは、遠隔ではなかなかやりにくいと感じています。

もう一つ、私はフィールドワークを専門としていますが、そうした現場では、言葉だけではなく、手を使って実際に作業する、一緒に状況を共有することによって学ぶ、といったことが、非常に重要になります。とりわけ人間以外の動物を相手にする場合には、これは不可欠です。実験系のサイエンスなども同様ですが、ハンズオンの学び、つまり実践しながら学ぶということが、オンラインへの移行によって失われてしまうのではないかと、たいへん危惧しています。

人間は本来、コミュニケーションにおいて、言葉だけでなく、情報にならないもの、言葉に置き換えられないものも伝えてきました。まさに、「思い」というのは、言葉だけではなかなか伝えにくいですよね。ところが、それがデジタル化に際してさまざまなものがデータに置き換えられるなかで段々と失われてしまっている。**人間にとってきわめて本質的なことは、情報化、データ化できないものをどうやって伝えるか**ということにあるはずです。

エッセンシャルワークとデジタル化

澤田　山極先生がご指摘されたように、ノンバーバル（言葉を使わない）なコミュニケーションをデジタル社会のなかでどのように伝えていくかということが、今後の技術的な大きなチャレンジになっていくと思います。ただ、それを実現するには、情報をデータ（数値）に置き換えて記述するという現状のコンピュータ・テクノロジーだけでは難しいと思います。そうであるなら、ポストコロナにおいては、まずは直接的なコミュニケーションと、サイバー空間でのコミュニケーションをいかにハイブリッドさせるかに注力するのが、より現実的と言えるでしょう。

また、コロナ禍のなかで、我々の暮らしを支えてくださっているエッセンシャルワーカーをどう支援していくのかという重要な課題があります。現状、日本ではエッセンシャルワーカーの方々、すなわち医療従事者や、保育や介護の現場で働く人など、人と直接、接しなければならない仕事のデジタル化による支援が非常に遅れています。我々、通信事業者としては、そうした方々の思いを汲み取りながら、そういった仕事のなかでデジタル化できる部分はデジタル化し、支援していくことが急務だと思っています。

山極　それは、たいへん重要な視点だと思います。コロナ禍で私たちは、エッセンシャルワーカーや、家庭内でこれまで対価を払われてこなかった、家事や介護といった仕事の尊さを再認識しました。これまで、そうした仕事はどんどんロボットやＡＩに代替してもらい、効率化した社会をつくろうとしてきたわけですが、はたしてそれでいいのだろうか、ということが問われています。

コロナ禍では、これまで一緒に暮らしていた肉親の死に目にも会えないということも起こりました。死にゆく人に対して直接、なんらかの言葉をかけたり、接触したりという機会すら失われてきている。そうなると、死者に対する敬意や、亡くなった方の魂を受け取って生きていこうとする人間の生き方だとかも、変容していってしまう危険があるように思います。はたしてそれで良いのか。あるいは、テクノロジーで代替、補完することが可能なのかどうか。我々人間は、死者との人間関係も含めて、これからどういう社会をつくっていくのか、根本から考え直さなくてはならなくなっているのではないでしょうか。

ロジックの〝かたさ〟と〝できること〟はトレードオフ

澤田　ユヴァル・ノア・ハラリという歴史学者がいます。彼は「トランス・ヒューマニズム」という、あらゆるものすべてをデジタル化できるという考えに立脚した議論を展開しています。そうなってくると、先ほど山極先生がおっしゃった、人間の「思い」といったものさえ、デジタル化できるという発想になってくるわけです。

私はこうした考えには、非常に危険なものを感じています。山極先生が指摘されていたような、身体性を伴ったクリエイティブな対話、コミュニケーションというものは数値化できない、つまり容易にデジタル化できるものではない、というふうに私は思っています。

出口　コミュニケーションには数値化、デジタル化ができない側面、次元があるという点に加え、そもそも物事を数値化やデジタル化すること、より広く言って、アルゴリズムのような機械的な手続きに還元すること自体にもさまざまな限界や制約があると思われます。

このような限界は、たとえば現代数学の歴史を振り返ってみても、あちこちで露わになっていると言えます。

クルト・ゲーデル[1]という数学者が『不完全性定理[2]』で明らかにしたことは、すべての

1［1906–1978］オーストリア・ハンガリー二重帝国のモラビアに生まれ、ウィーン大学で学ぶ。完全性定理、不完全性定理、連続体仮説に関する研究が知られる。とくに数学は自己の無矛盾性を証明できないことを示した不完全性定理は、数学基礎論、論理学のもっとも重要な発見とされる。

2 ゲーデルが1931年に発表。数学の形式系は完全かつ無矛盾であることはないこと（第一不完全性定理）、その形式系が無矛盾であるという事実はその形式系自身のなかでは証明できないこと（第二不完全性定理）を示した。数学基礎論に衝撃を与えたのみならず、チューリングの研究を媒介に情報科学にも大きな影響を与えた。

数学的真理を機械的な手続きで証明し尽くすことはできない、ということでした。具体的には、ある算術の体系が本当に矛盾していないとしても、その無矛盾性という真理自体は証明できないという事実です。またこの不完全性定理をめぐるその後の研究で明らかになったのは、証明の機械的手続き、つまりロジックをガチガチに固め、その厳密性を高めれば高めるほど、証明できないことが増えるという、ある意味当たり前の事態でした。逆に言えば、ロジックを緩めれば、それだけ証明できることが増えることになるわけです。先ほど言った、算術の体系の無矛盾性も、このように緩められたロジックで証明できることがわかったのです。つまり、**ロジックのかたさ、厳密さと、それによって「できること」の範囲は、トレードオフ**の関係になっているということです。

するとたとえば、「できること」を増やすためには、ある程度、緩い、不確実なロジックのシステムをあえて採用しなければならないケースも出てくるでしょう。いずれにせよ、どのようなロジックを選択し、どのようなデジタル化、数値化を進めるかに関して、一意的な正解ないし最適解は存在しないことになります。結局、そのときどきの状況に応じて、複数の可能な選択肢のなかから、とりあえず一つを「えいや!」と選んで採用するしかない。また人間は、現実には、完全に確実で厳密なロジックを選ぶこともできない。こういった、ロジックやデジタル化、数値化が持っている根本的な多元性、そこからの選択の恣意性、そして現実にはある程度不確実なシステムを選ばざるを得なかったといった事態。ゲーデルの不完全性定理は、デジタル化、数値化がはらむこれらの限界を、我々に教えてくれているのではないかと、私は考えています。

言葉の持つ共有性と不完全さ

山極　出口先生から、ロジックという言葉が出ましたが、最近、私は「言葉」を、昔にさかのぼって考えてみたいと思っているのです。私が研究者として付き合ってきたのは、言葉をしゃべれないゴリラです。**ゴリラは言葉を話しませんが、言葉を介さなくても、表情や動作、声色などでお互いに気持ちを伝え合うことができます。にもかかわらず、なぜ我々人間は、言葉を必要としてきたのか。**それは、ロジックとしての言葉を人間が求めたからでしょう。

言葉というのは、そもそも初源のかたちを考えてみると、視覚で捉えたものを言葉によって切り取って、それを分類してなんらかのかたちにするということだったと思うのです。要するに、目に見えている世界を言葉で切り取ることによって、切り取られたものが、自分が目で見たものとはちがう意味を伴ってふたたび現れてくる、ということが起こった。それが時間や空間を超えて物語として再現されることで、我々は共有度を高めてきました。「あそこに何かがあったよね」という言葉によって、「あそこの木の上のあの実のことだろう」という特定ができるわけです。それが人々の社会に大きな意味をもたらした。言葉という機能と、ロジックという新たな基準を人間にもたらしたわけです。

ただ、言葉はコミュニケーションにおいて完全なものではありません。つまり、言葉は状況に依存します。同じ言葉を使っても、相手や場所、状況がちがえば、まったくちがう意味を持つ。当然、気持ちを伝えるという意味での言葉も不完全です。

つまり、我々は言葉を交わし合うときに、言葉以外の感覚を共有しながら、状況をお互いに感じ合っているからこそ、詳しい説明を必要としないのです。しかし、たとえばインターネット上のチャットのように、言葉だけが独立して表れると、そこに読み手本位の意味が加わって、書き手の意図が伝わりにくくなる。その現場に書き手がいればいいけれど、相手が遠くにいて状況を共有できなければ、真の意味を汲み取ることが難しくなります。

さらには、我々は話をしているときに状況依存的であるだけでなく、その状況から離れる言葉を使って「すき間」をつくることもできるわけです。こっちへもあっちへも飛べる可能性がどこかに出てくる。それがいわゆる会話の持つ創造性だと思う。この飛躍によって、お互いに会うまでは、まったく予想もしていなかったような新しいことが生まれてくるわけです。それこそが、状況を共有する人同士の会話の大きな可能性だと思っています。

「ちがう」ことがヒューマニズムの根幹

澤田　現在のデータ至上主義者の考えは、言葉やデータですべてを説明できるというところに立脚しています。そして出口先生がおっしゃったように、人間はできないことを減らすために、不確実なシステムを採用してきたけれど、いまやその不確実なシステムへの依存度がますます高まってきているように思います。

その代表が、ＡＩを飛躍的に進展させた深層学習（ディープラーニング）でしょう。それまでのＡＩはあまり役に立ちませんでしたが、深層学習という確率論に根ざした方法論を採用したことで、格段に精度が上がり、これに伴いＡＩですべてができるんだという風潮がとても強くなってきています。山極先生がおっしゃったように、言葉はまさにロジックであり、人間は知覚で捉えたものを言葉で切り取って状況なりを共有してきたわけですが、データ至上主義者は、知覚で捉えたもののすべてをデジタル化できるという幻想に囚われています。そんなことはとうていできません。言葉（ロジック）の重要性と、言葉の持つ不完全性、つまりデジタル化に際して失われてしまうものがあるという問題、その両方がデータ駆動型社会のなかで顕在化してきていると感じます。

山極　ハラリの話が出ましたが、彼が言っているのは、結局、これまで人間は魂を持っているものだというふうに宗教家が言ってきたし、あの世もあるって言ってきたけども、そんなものは現代の生命科学からすれば、まったくナンセンスだということですよね。要するに、人間は生化学的なアルゴリズムによってつくられているものだし、それを分析していけば科学ですべて説明ができる、と。だから、人間が求めている幸福だとか、あるいは安心だとかいうものも、生化学的作用を外部から与えれば十分幸福な気持ちにもなれるし、不安も取り除けるだろう、と。ハラリはけっしてそれを良いとは言っていませんが、このままではそうなるだろう、と。それはある意味、人間の本質とは何かを問いかける、重要な問題です。しかしもし、人間が外部から操作可能になったら、私たちがこれまで築いてきた社会は崩れますよね。

澤田　崩れますね。

山極　**ヒューマニズムでは、そもそもそれぞれの人間がちがうということを前提にしていて、外部から操作できないという前提がなければ、人間の社会は成り立たない**と考えていたわけですからね。ハラリの考えだと、ヒューマニズム全体が崩れてしまう。

澤田　私は、生命としての人間というのは主観的な存在であって、そもそも閉鎖系なので、外部からコントロールすることはできないだろうと思っています。

山極　でも、家畜や遺伝子組み換え植物というものは、もうすでに外部から操作可能になっていますよね。

澤田　確かにそうですね。

山極　その技術を応用して人間に当てはめれば、簡単に操作できてしまうということでしょう。ハラリの予想する未来は、実現可能なのです。

澤田　しかしはたして、操作されている家畜の主観から見れば、操作されていることには気づいてもいないでしょうし、その本質自体は変わっていないような気もします。どう考えればよいでしょうか。

山極　野生動物は、それぞれ「個」というものを持っています。それに対して、家畜は、たとえば一生狭い檻に閉じ込められていてもイライラはしません。そして、成長も早い。あっという間に成長して肉となる家畜がどんどん生産されていますよね。ですから、家畜の個、つまりそれは〈人権〉と言い換えてもいいかもしれないけど、それはもう失われているのです。工業製品化しているわけですね。

澤田　なるほど、すでに人権が失われているのですね。

山極　そうです。工業製品化とは、全部、同じ質の物をつくるということです。それぞれが**「ちがう」ことが前提ではなく、「同じ」ということが前提に技術が使われている。**そういう方向に、遺伝子編集などの技術を利用して、家畜そのものがどんどんつくり変えられていく、というのがいまの時代の潮流です。

それは当然、植物にも行われている。同じ質の製品を同じ価格で売るというのが資本主義の原則ですからね。それを人間に当てはめたらどうなるんだろうということです。それを、ハラリは予見しているわけです。

出口　ハラリのものも含めたトランス・ヒューマニズム論について私が感じるのは、「事実」と「価値」のあいだの少々やっかいな関係についての目配りの必要性です。「事実」とは「現実のありのままの事態」にほかならず、価値とは「あるべき」ないしは「実現されるべき状態」に関わります。このように両者は、さしあたっては色合いが大きく異なる一方、複雑に絡み合ってもいます。

たとえば、トランス・ヒューマニズムでは、人間の本質、正体は情報処理システムにほかならないという主張がなされることがあります。「人間の本質とは何か」は事実に関わる問いですが、それに対してはさまざまな切り口が可能でしょう。そのなかで、あえて「情報処理システム」という「一定のタスクを果たす機能体」が解答として選ばれている背景には、**人間を機能ないしは「できること」の束と見なし、その機能を伸ばすことを「よし」とする近代の価値観が潜んでいる**ような気がします。つまりトランス・ヒューマニズムは、一定の価値観を密輸入したうえで、人間の正体についての「事実」の主張を行っているのではないか。それは価値中立的な、事実に基づいた未来予測というより、一定の価値観を最初から組み込んだ提案にほかならないのではないか。そして我々としては、そのいわば隠された価値観を明るみに出して、それを慎重に検討する必要があるのではないか。私としては、このように考えているわけです。

人間の「自己家畜化」――暴力の変容とテクノロジー

山極　野生動物と、家畜のちがいはいったい何でしょう。家畜とは、繁殖というものを人間の手によってコントロールされている存在です。野生動物は、動物自身が相手を選び、子孫をつくる。その大きなちがいだと思います。

一方でいま、人間の頭脳の家畜化という現象が、大きな議論を呼んでいます。これはハラリの議論にも絡んで、非常に危うい状況にあると思っています。

家畜というのは、人間が利用しやすいような特徴を持つように繁殖させた動物のことですよね。ところが最近、実はオオカミから犬へといったプロセスを考えてみると、おとなしい性質を持った個体を選んで繁殖させるだけで、家畜化という現象が起きるという学説が提唱されています。これは、ロシアの研究者が50年かけてキツネを犬同様のおとなしい動物にしてしまったという実験によるものですが、その成果が意外にも早く起こることがわかったんですね。その過程のなかで、動物であれば耳が垂れたり、顎が小さくなったり、脳が小さくなったり、手足が小さくなったりといった現象が共通に起こります。外見が可愛らしく、幼く見えるのも特徴です。さらに、性質としては人懐っこくなります。そして、そういうプロセスが、実は人間にも起こったのだという。これを、リチャード・ランガム[3]という米国の霊長類学者は、『善と悪のパラドックス——ヒトの進化と〈自己家畜化〉の歴史』（NTT出版、2020年）という著書で「自己家畜化」[4]と呼び、人間は自らを家畜化してきたのだというのです。

家畜化には目的がありますが、人間の自己家畜化は自然発生的に起こったと考えられます。ダーウィンの自然選択で説明するなら、女性が男性のパートナーを選ぶときに、生存率を上げる観点からおとなしい性質を持つ男性を選んできた、ということの結果なのかもしれません。あるいは、人間が集団で暮らす社会的な存在として生きるなかで、愛想のいいおとなしい性質が求められるようになったのかもしれませんが、理由はよくわかりません。

人間は、たった一種ですよね。どこの地域の人たちの遺伝的なちがいを調べてみても、品種のちがい以上のものはないわけです。ところが、個々の人間は、背の高さから、髪の毛の縮れ方から、肌の色まで、その外見はものすごくちがうでしょう。これは、犬と一緒なんです。犬はオオカミから分かれて、たった3万年ぐらいの歴史しか持ちませんが、オオカミがそれほど多様ではないのに比べて、犬はチンからセントバー

3 ［1948－］ハーバード大学教授。専門は霊長類の行動生態学。著書『善と悪のパラドックス』で「自己家畜化」をキーワードに、ヒトの道徳性と邪悪さの進化的起源を論じた。ほかの著書に『火の賜物』などがある。

4 野生動物が人為的な家畜化なしになんらかの理由で家畜のような特徴をもつようになること。犬や猫は部分的には自己家畜化したと考えられている。その副産物として、脱色、性的二型の縮小、幼形化が含まれることがある。ヒトが協調的で従順な行動や身体面での特異な進化を遂げたことも、一種の自己家畜化と考えられている。

ナードまで多種多様です。わずか3万年のあいだに、外見的にはものすごく多様性を生み出してきた。それは人間にも当てはまります。これこそが、家畜化と同じようなことが人間にも起こったのではないかと考える一つの証拠とされています。

この自己家畜化を通じて、おとなしい性質を持った個体を尊重するような、それを選ぶような傾向が人間の種の内部に出てきて、人間は人間以外の霊長類に比べて、非常におとなしい性格を持つ種になったのだと言われています。

しかし一方で、現代でもたくさん戦争が起こっていたり、悲惨な暴力が頻発したりしていますよね。なぜ、人間はおとなしい性質を持っているはずなのに、悲惨な暴力が絶えないのか。これは古くをさかのぼれば、ルソーの性善説とホッブズの性悪説[5]の見解の相違にも行き着く問題ですが、おそらく自然状態から自己家畜化が進むなかで、単純な暴力は抑えられたかもしれないけれど、逆に計略的な暴力が増えた、と考えることができます。こうしたことが、近代以降起こってきたのではないか、と言うのです。

人間の身体は、武器としての機能をどんどん手放しながら進化してきました。手は短くなったし、腕の力や瞬発力も弱くなった。人間が生身の身体で戦う能力は、ずっと減ってきたわけです。しかし、武器を発達させることによって、これはテクノロジーと

5 ルソー[1712–1778]、ホッブズ[1588–1679]『社会契約論』などで近代民主主義の先駆者とされるルソー。人間の自然状態は「万人の万人に対する闘争」と述べ、国家論『リヴァイアサン』を著したホッブズ。どちらも社会契約説を唱えた思想家だが、ルソーは人間が生まれつき善良であるという「性善説」、ホッブズは生まれつき邪悪という「性悪説」の代表的存在とされる。

言い換えてもいいかもしれませんが、武力自体はどんどん大きくしていった。そして、人々が連帯して暴力をふるうことが増えてきた。それが現在の悲惨な問題につながっているのではないか、というわけです。これがランガムの言う「善と悪のパラドックス」なのです。

当然、今後もテクノロジーの進展や社会の変化にさらされて、人間はさらなる自己家畜化を経て大きく変化していくことになるでしょう。ハラリはAIや遺伝子工学によって人類がホモ・デウスとそれに従属する人々に分断される未来を描きましたが、そのような未来としないために、どう人類が向き合っていくのかということが、いま、問われているのだと思います。

動的なロジック——パラコンシステント論理とは

出口　自己家畜化のお話、たいへん興味深くお聞きしました。改めて感じたのは、従来の人間観の多くには「動き」が欠けていた、ということです。人間とは本質的に、静的ではなく動的な存在で、自己家畜化のように、人間は進化論的にも社会的にもどんどん自らを変えていく存在なんですよね。

ところがロジックや数学、さらにはより広い意味でのロゴスは、一般に、動きを表現することが苦手だとされてきました。たとえば、方程式で書かれているニュートンの法則は、力とさまざまな物理量のあいだに結果として成り立っている関係は表現できていますが、重力と質量や加速度のあいだには比例関係が、重力と物体間の距離のあいだには二乗の逆比例関係がある、というふうにです。でも、実際に力がどのようにしてこれらの比例関係を生み出しているのか、その動的プロセスそのものには切り込めていない。そのような不満を抱いたヘーゲル[6]は、動きを生み出すダイナミズムの原動力は「矛盾」にあると考えて、矛盾とその解消という仕方で動的プロセスを描こうとしました。これが彼のいわゆる「弁証法[7]」です。

このような考えは、たとえば京都学派の哲学者、西田幾多郎にも受け継がれます。西田は、二項対立を超える東洋的な「不二」の思想を受け継ぐ一方で、それはいまだ静的でダイナミズムに欠けていると批判しました。具体的には、不二という世界の超二項対立的な究極のあり方から、二元的、二項対立的な日常の世界が生み出されるプロセスの説明が必要だと考えたのです。そこで西田はヘーゲルの考えを取り入れ、究極的な不二を改めて「あれでもあり、これでもある」という「矛盾」として論理的に定式化し、そ

6 ［1770─1831］ドイツの哲学者。新プラトン派哲学、ルネサンス以降の近代思想を独自の観点から論理学、自然哲学、精神哲学からなる三部構成の体系にまとめ上げた。カントに代表される啓蒙思想の限界を超えて、19世紀後半以後の国家主義と歴史主義の両方に道を開いた。著書『精神現象学』『大論理学』『法の哲学』『歴史哲学講義』など。

7 物事を対立物の統一として捉える方法。形式論理学が「AはAである」という同一律を基本に置き、「AでありかつAでない」という矛盾が起これば それは偽だとするのに対し、矛盾を偽とは決めつけず、物の対立・矛盾を通して、その統一により一層高い段階に進む（アウフヘーベン）という、運動・発展の姿において考える。

の矛盾が解消されることで二元的な世界が生み出されるという図式を描こうとしました。そのため彼は、「自己同一性」という、あらゆるものが例外なく自分の最深部に抱えている性質に着目し、そこに「矛盾としての不二」という概念装置を装着しようとしました。それが西田の有名な、というか悪名高い「絶対矛盾的自己同一」という概念です。これは、すべてのものは「自分と同じであり、かつ同じではない」という「あれか、これか」という二項対立を超えたあり方を持つという主張です。このように、ヘーゲルや西田は、「矛盾」を積極的に取り込むことでロジックに動きを与えようとしたのです。

ただこれらのヘーゲルや西田の試みは十分に成功したとは言えません。ロジックには、良い推論と悪い推論を機械的に判別するアルゴリズム機能が求められてきました。たとえばアリストテレスの三段論法はそのような機能を備えていますし、現代論理学のシステムも推論の妥当性を判別するアルゴリズムを標準装備しています。それに比べ、ヘーゲルや西田の「論理」はそのような機能をまったく欠いているのです。

一方、ロジックに動きを取り入れる試みは現代でも続けられています。そのなかには、ヘーゲルや西田とはちがったやり方ですが、「矛盾」にふたたび光を当てる流れもあります。澤田さんが着目されている「パラコンシステント論理」です。現代の標準的な古典論理はコンシステントな論理です。コンシステント論理とは、まずは、矛盾を含まない、正確に言うと、真なる矛盾は認めず、矛盾を必ず偽とするシステムのことを言います。矛盾を含まないという意味で、このロジックは整合的です。一方、矛盾を含むロジックは、インコンシステントすなわち不整合な論理と呼ばれます。

またコンシステント論理とは、**矛盾に対して耐性を持たないシステム、万が一システムのなかに矛盾が紛れ込んできた場合、システム自体が自壊してしまう論理**でもあります。具体的には、本来存在しないはずの真なる矛盾が一つでも発生すれば、いわば壊れた蛇口のように、そこから任意の命題、たとえば「1+1=3」であるとか「地球は巨大なチーズだ」といったヘンテコな主張がトリビアルに定理として導かれてしまうのです。骨を折ってある命題を主張し、別の主張を退けるという言説活動そのものの無意味化を意味するこのような事態は、瑣事性爆発《さじ》（トリビアリティ・エクスプロージョン）と呼ばれています。たとえば、なんらかのミスで矛盾した情報を含んでしまったデータを、このようなシステムにインプットすると、あっという間に瑣事性爆発が起こり言説活動が崩壊してしまうのです。逆に言えば、このような爆発の危険性がある以上、コンシステント論理としては、真なる矛盾の存在を大っぴらに認めるわけにはいかなかったとも言えます。

コンシステント論理のしくみに手を加え、このような瑣事性爆発が起こらないようにしたのがパラコンシステント論理です。この論理において実際に真なる矛盾が認められているかどうかは別にして、とにかく矛盾が紛れ込んできてもこの論理は自壊しません。その意味で、パラコンシステント論理は、矛盾を論理的に無害化したシステム、**矛盾に対する耐性を備えた論理**なのです。

パラコンシステント論理研究の世界的な第一人者であるグレアム・プリースト[8]は、さらに進んで真なる矛盾をも認めるパラコンシステント論理の体系を提案したうえで、現実に存在する真なる矛盾の一例として「運動」を挙げました。運動とは、結局のところ「動いている物は同時にある一定の場所にあり、かつない」という矛盾を含んだ事態として理解せざるを得ない。プリーストはそのように主張したうえで、この真であり現実的でもある矛盾としての「動き」を捉える**「動的なロジック」としてパラコンシステント論理を提唱**しているのです。

ヘーゲル、西田、プリーストが考えたように、人間のダイナミックな自己変革をも含

8［1948–］メルボルン大学教授。ケンブリッジ大学で数学と哲学を学び、LSEで学位を取得。専門は論理学、形而上学、西洋および東洋哲学史。主な著書に『論理学超入門』、『存在しないものに向かって』など。

めた「動き」一般が「矛盾」の現れかどうかについては、哲学者のあいだでも議論が分かれるところです。ただ私は、「この世界は真なる矛盾を含まない」というアリストテレス以来の考えは、根拠を欠いた哲学的な希望的観測にすぎないと考える点で、彼らに同意します。その意味で、矛盾、すなわち二律背反的な主張の同時並列という事態の可能性に開かれたパラコンシステント論理を採用すること、ないしはそのような論理を組み込んだバーチャルとリアルが融合する世界、「パラコンシステント・ワールド」を構築しておくことが、何が起こるかわからない現実により柔軟に対応する一つの方策ではないかと考えます。

澤田　先日、私は福岡伸一先生と対談をしたのですが、福岡先生が提唱しているのが「動的平衡」という概念です。生物の平衡状態とは、つねに動的なものです。その動性には矛盾が含まれていて、たとえば、生命は生存をめざしているのにもかかわらず、DNAのなかには「死ぬ」アルゴリズムも入っているのだという。自らを壊しながらつくるんですね。福岡さんは、それによって生命がエントロピー増大の法則に逆らっているのだとおっしゃっていました。なぜこのようなことが起こるのか、私自身はまだ探究中なのですが、生命の不思議を感じます。

山極　人間の身体というのは、DNAという四つの塩基からできていますよね。これは、いわばデジタルと言っていい。しかし、人間の身体自体はアナログな存在です。つまり、デジタルとアナログが組み合わさって生物はできている。まさにパラコンシステントな存在なのです。

なぜ生物にデジタル的な側面が必要かと言えば、そのほうが安定するからなのです。四つの塩基の組み合わせだけで記述できますからね。ただ、デジタルは安定しているけど、いったん壊れたら修復が難しい。一方、アナログは全部連続していますから、修復しやすい。アナログは動的でありながらも動きが遅いということも、修復がしやすい要因の一つです。もっとも、現在の生化学のなかには、遺伝子をいじることで身体自体を変えようとする動きがあります。そうすれば、そもそも病気になる前に治療するようなことができるわけですからね。

澤田　私は通信が専門なので、デジタル、アナログ双方の利点がよくわかります。デジタルは確かに安定的に情報を運ぶのには非常に適していますが、デジタル化におけるサンプリングに際して失うものもあります。

山極　そうですよね。言語というのはロジックであり、デジタル的なんですね。ですから、先ほど出口さんがおっしゃったように、「動き」という連続的に変化していく現象、つまりアナログ的な現象をデジタル的なもので説明するのはそもそも無理があるわけです。たとえば、スポーツの珍プレーにしても、その場で言葉で説明しようとしても時間が足りないし、そもそもその面白味が伝わりませんよね。動きというのは、身体で覚えて共鳴するほかないのです。

しかし人類は、言葉を生み出して以来、哲学においても科学技術においても、自然現象を説明しようと懸命に試みてきました。科学技術では、動きを静止させ、それを分析し、その要素として捉えたものによって、それが何であるかを説明しようとしてきた。顕微鏡のプレパラートがいい例ですよね。あるいは映像というのが、実は一コマ一コマの連続で表現されているのも同じです。我々の技術そのものが、デジタル化の傾向をずっと持ち続けてきたわけです。

澤田　細かく分けて見てきたわけですね。

山極　そう、でもそれでは流れも動きも捉えられない。人間が理解しやすいように無理やり動きを再現しようとして、一コマ一コマをつなぎ合わせてアニメーションで再現するということがなされてきたわけです。新型コロナウイルスの写真だって、あれは電子顕微鏡で捉えた像に彩色しているだけで、あくまでもイメージなんですね。

澤田 つくられた世界ですね。

山極 同様に、**人間の営みがデジタル化によってコンピュータで動くアバターやロボティクスに代替されると、我々自身も、人間の行動とはこういうものかと錯覚するといったことが起こりかねない**と思っています。

2 IOWNが支える新しい社会のかたち

どっちつかずの「間《ま》」――クリエイティブの生まれるところ

出口 デジタルな言語ではアナログな動きを捉えられないという事態は、古代ギリシアの時代から、運動を言語で分析しようとすると矛盾が出てくるという「ゼノンのパラドックス」[9]として知られてきました。これまで多くの哲学者や論理学者が、この矛盾を回避しようとしてきましたが、そのなかにあって、先ほどお話ししたように、コロンブスの卵のように、このパラドックスを逆手に取って、実はここに真なる矛盾が顔をのぞ

9 古代ギリシアの哲学者エレア派のゼノンが、仮定すれば矛盾に陥ることを述べたいろいろな逆説。〈アキレスと亀〉〈飛ぶ矢は飛ばない〉が有名。存在を一とするパルメニデスの説を擁護するため、存在を多と主張する人々の論を一度受け入れ、その仮定から生まれる矛盾を示し、間接的に相手を論ばくする方法であったという。

かせていると解釈したのがプリーストです。そして矛盾をはらむ運動ないし動きを捉えるためにも、矛盾に対する耐性を備えたパラコンシステント論理が必要だと主張したのです。

山極　その矛盾というのは、先ほどの西田幾多郎や、その弟子の西谷啓治[10]の言い方を借りれば、「間《ま》」とか「あいだ」という言葉に言い換えてもいいのかな、とちょっと思ったのですが。

出口　確かに、そう言えると思います。先に、「あれか、これか」という二項的分類を許さない東アジアの「不二」の思想に触れましたが、この「不二」はまた「中《ちゅう》」とも表現されてきました。この「中」を時間・空間的に具象化すると「間」や「あいだ」になります。一方、これも先にお話ししたように、西田そして西谷も、「矛盾」を「不二」の論理的表現だと考えました。つまり彼らにとって、「不二」を具体的に表せば「間」や「あいだ」となり、論理的に表現すれば「矛盾」となるわけです。

　ちなみに西谷は、この「間」に関して、面白い例を出しています。オーケストラの指揮者が指揮棒をかざして、それを振り下ろすまでの「間」、コンサートホールのざわつきが止み、交響楽が響き渡るまでの、全員が息を飲む、わずかな静寂の「間」です。こ

10［1900−1990］哲学者。京都大学で西田幾多郎に師事。高坂正顕、高山岩男、鈴木成高とともに「京都学派四天王」と呼ばれた。太平洋戦争中の「近代の超克」座談会に参加。戦後に公職追放。のち京都大学教授に復帰。人間存在と宗教との結び付きを追究し、ドイツ神秘主義やニーチェを研究した。

の「間」こそが、指揮者と楽団員と聴衆の区別がなくなる「不二」の瞬間であり、またそこから壮大な音楽や、演奏者と聴衆がともに参加する音楽の享受という共同体験が生み出される瞬間でもある。西谷は、このように考えているようです。彼はまたこの「間」を「呼応の場」とも呼んでいます。ここでは、指揮者と聴衆、指揮者とオーケストラ、人々の心と音楽が互いに呼応し合っている、いやむしろ、各々が呼応そのものになり切っている。そして、そのことで「不二」が成立している。このように西谷は、「不二」を、呼応、すなわち呼べば応えるという共同作業としても捉えているのです。

山極　ゴリラの場合は、「間」を非常に長く取るのです。いま我々が、この会話でも、出口さんがしゃべれば澤田さんがしゃべり、澤田さんがしゃべれば僕がしゃべるというふうに、途切れることなく会話を続けなければならないものと思っている節があるのだけど、ゴリラの場合は1分ぐらい待つのです。じっと、相手が行動するまで待つ。これが、私に不思議な感覚を与えてくれました。我々人間はなるべく「間」を省こうとしますよね。

澤田　そうですね。本当は、沈黙もコミュニケーションの一つなのでしょうけど、それを避ける傾向にあります。

山極　同じことが、会話だけでなく、時間や空間にも言えるわけです。哲学者和辻哲郎[11]の『風土』という著作に大きな影響を受けた、フランスの地理学者オギュスタン・ベルクは、日本家屋はそういう「あいだ」としての特徴をたくさん備えていると言います。たとえば、縁側は家のなかでも、家の外でもない、と言う。あるいはどちらでもある場所であって、そこで訪問客と碁を打ったり、話をしたり、お茶を飲んだりするわけですね。そういう場所こそが、日本人の情緒のあり方を示していると、彼は言っています。

澤田　なるほど。日本には古来、霞堤と言って、被害をできるだけ最小にするために、堤の一部を不連続にして、川から溢れた水をあえて越流させる、自らを壊すことで洪水を緩和させるという堤があります。そういうどっちつかずの役目を持つものが、日本にはあるのですね。ベルクは風土学のなかで、そうしたどっちつかずのあいだを、日本独自のものとして捉えたのでしょうか。

山極　そうだと思います。ただ、和辻にしても、西田にしても、中国からの影響をとても受けています。西田の場合にはおそらく、仏教あるいは禅の影響を非常に強く受けている。東洋の考え方に立脚しながらも、西洋の思想を勉強された方なので、その両方

11［1889–1960］『風土』『古寺巡礼』『日本精神史研究』などの著作で、東西の思想や文化の精神史的研究にもユニークな業績を残した。京都大学教授を務め、京都学派の一人として扱われることがある一方、若き日には夏目漱石門下であり、また後年、東京大学教授も務めた。

の思想の融合をめざしたのだと思います。

社交のデザインと〈われわれとしての自己〉

澤田　いま、NTTはIOWNという次世代通信基盤を構想しています。IOWNとは、「Innovative Optical and Wireless Network」の略称で、光で駆動する通信システム・ITシステムを生み出そうという試みです。ここでの課題が、まさにデジタルとアナログの複合系であり、まさにどっちつかずの「あいだ」をいかに実現させるかにあります。さまざまに矛盾をはらむものをどう併存させるのかということを考えていかなければなりません。

出口　縁側のように、日本家屋で見られる内と外のどちらでもないような空間については、西谷も「どちらでもあり、どちらでもない」という矛盾の具体例として言及しています。先にお話ししたように、西田も西谷も、そのような空間にこそ創造のダイナミズム、「動き」が秘められていると考えていました。彼らに言わせれば、そのような「あいだの空間」を論理的に言い表せば「矛盾」となります。その意味で、京都学派では、矛盾とはクリエイティブなものとして捉えられていると言えます。

山極　「あいだ」というのは、まさにクリエイティブなものが出てくる場所ですね。どちらでもなく、どちらでもある。そこには何か、どっち側からでもなく新たな発想が生まれる可能性がある。価値という点で言えば、価値ゼロの場所なのです。いわば、ニュートラルな場であり、起点になれる場所なわけですね。だから、非常に重要なのです。

これからは、僕は**「遊動」の時代**だといつも言っているのです。これまでコロナで人の動きが止まっていましたが、動くことでこの閉塞感を打破することができる。体の大きさも生理状態もそれぞれちがう老若男女が巣ごもりをして、一つの家で身体を共鳴できるわけがないのです。ゴリラがずっと群れを崩さずに一日中暮らしていけるのは、つねに動いているからなんですよ。だから人間の家族だって、旅行をしたがるわけでしょう。

これからとくに若い世代は複数の拠点を持って、さまざまな自分を演じる機会を広げていくようになるでしょう。そもそもインターネットはそういう世界ですよね。自分が生身の身体を超えて、さまざまな自分を演じられる場所であり、つねに遊動の可能性が広がっている。それを生身の世界で発展させていく時代になる。それは人が動く時代です。

具体的に言えば、テレワークが可能になって、ワーケーションという趣味と実益を兼ねた働き方が可能になります。いままで家庭と職場を往復して仕事をしていた人たちが、いろんな場所を転々としながら仕事をしていく時代になるかもしれない。生涯一つの企業に属するのではなくて、複数の仕事を掛け持ちしながら、同時に趣味もやっていくというような人生設計をしていくだろう、と。いわば、自分が複数になるんですね。もちろん相手も。

そうして、場所に応じて、あるいは目的に応じて、いろいろな自分をお互いに演じ合うとなれば、ますます「あいだ」の思想が重要になるわけです。そこにITがどう絡むかなんです。先述したように、ヒューマニズムというのは相手を外から操作できないということが前提であり、個人個人がちがうことが前提です。それはこれからも変わらないでしょう。もちろん、これから次々に新しいテクノロジーが出てきて、人間の思考をはるかに超えてさまざまな事柄を自動で予測するような未来が可能になってくるでしょう。しかし、そのプロセスは簡単には理解できませんよね。

澤田　わからないですね。

山極　そこを、どうやってつなぎ、かつ適切に制御するかなんです。

澤田　ユクスキュルは「環世界」という概念を提唱しています。あらゆる動物は、それぞれ独自の知覚世界を持って生きている、という考えです。いまは、個人化が進んで、私たち一人ひとりが独自の環世界を持っていると言ってもいいかもしれません。新しい通信、ITシステムでは、それぞれの環世界を個人がたくさん持つという世界が成り立ちます。そのとき、その「あいだ」をどう相互コミュニケーションとしてつなぐのか。あるいはそのつなぎを個々人がうまくコントロールできるようにするのか。そういう社会情報基盤、メディアとしての役割をIOWNで担えないかと考えています。

出口　人々のあいだの「つながり」をデザインするというのは重要なことだと思います。西洋近代の「自己」のエッセンスは、一言で言うと「自立性」「self-standing であること」です。ヘーゲルもハイデガー[12]も、他者の支えなしに、自分の二本の足で立つこと、立てることを意味する「self-standing」のドイツ語「Selbstständig（ゼルプストシュテンデッヒ）」という言葉を使って個人の本来のあり方、あるべき姿について語っています。彼らは、自立的で自足的な個人であることに人間の価値や尊厳を置いていたのです。

昨今語られる**「スマート化」**も、この自足的な自己観、個人観の延長線上にあって、「自分一人で立つ」ことを理想にかかげ、**個人の自立性を補強すること、エンパワメント（empowerment）、エンハンスメント（enhancement）に力点を置いてきた**ように思います。一方、私は「自立的な個人」という考えは、そもそも幻想ではないかと考えて

12［1889―1976］ドイツの哲学者。現象学、ドイツ観念論、実存主義などの影響を受け、古代ギリシア哲学の解釈などを通じて独自の存在論哲学を展開した。1927年の主著『存在と時間』でプラトン以来の西洋哲学の根底にある形而上学を覆し、近代の人間中心主義や歴史主義を批判した。

います。我々はネットワークのなかでしか生きていけないし、そのなかで支えられている存在です。その意味で個人とはまさに非自立的、非自足的存在なのです。そのような個人像をふまえた自己観として私が提唱しているのが**「われわれとしての自己（Self-as-We）」**です。

ＩＴやＩＣＴが向かうべき方向性もそこにあると思います。ネットワークから切り離された自立した個人という幻想を追って、それを無理に強化しようとすることで、結果的に、我々にとってなくてはならないネットワークを弱体化させてしまっては元も子もありません。**我々はネットワークの支えなしには生きていけない非自足的な存在であるという事実を直視したうえで、そのネットワークをより開かれたものにし、そのなかで暮らす個人の生をより多様化する一方、ネットワーク自体の復元力、レジリエンスをも高めていくべきだ**と思います。

山極　日本はとくに「自己責任」を強調しすぎた結果として、個人がバラバラになってしまいました。それによって、個人が承認願望を強めてつながりを求めている、というのが現状です。それをインターネットのメディアはコントロールできないまま、ヘイトやフェイクが溢れてしまっている。ネット環境をどうコントロールしたらいいのか、倫理的にも一番の課題になっていると思います。

澤田　私も、ネットのなかで各個人がお互い自己主張し、倫理上の問題があったり、攻撃的な世界があったり、あるいはエコーチェンバーのように同じ意見の人だけが集まってしまうような状態になって、それが社会の分断につながっているのは非常に憂慮すべきことだと思っています。この問題を、まさに新しい社会基盤であり、メディアとして機能するＩＯＷＮのなかで解消していきたいと思っているのです。

■ 新しい社交と〈あいだ〉の思想――その都度ほどけるオープンな「Ｗｅ」

澤田　一方で悩ましいのが、新しい社会基盤の役割とビジネスの側面です。これまで企業は、利益の追求を第一の目的としてきたわけですよね。「検索」サービスしかり、ＳＮＳしかり、利用者もそれによって便益を受けてきました。しかし私は、これからはそれだけではダメだろうと思っているのです。**これからのサービスは、自分たちの利益だけでなく、コモンズ（共有地、公共財）**[13]**としての役割を担うことが必要**でしょう。そしてそこで、個々人が自己実現なり、パーソナライズなりができるとともに、人と人とのつながりをさまざまに持てるようなサポートをしていかないといけないと思っていま

13 「みんなの共有資源」というような意味。共同利用される森林、牧草地、漁場など。私的所有でも公的所有でもない共同所有とも言える。日本の入会《いりあい》もコモンズの一種。多くは地域社会レベルの「ローカル・コモンズ」だが、公海、大気、南極大陸などは、地球規模で人類が共有する資源という意味で「グローバル・コモンズ」と呼ばれる。

す。

山極　最近、私が必要だと思っているのが、**社交（sociability）の復権**です。社交というのは、人と人が時間と場所を共有し、その場の決められたルールに従って、共通の物語を盛り上げ、完成させる共同作業です。つまり、他者との交歓であり、相互が認め合うことで他者との関係性を深めることです。ここで改めて、デジタル時代の新しい社交、つまり新しい社会をつくらなくちゃいけないと思っているのです。

もちろん、現在、皆がネット上の**SNS（ソーシャル・ネットワーク）**などでやり取りしている姿も一つの社交と言えるかもしれません。しかし、現状のSNSは、フィルターバブルやヘイト、さらには匿名での誹謗中傷などの問題を抱え、むしろ社会の分断を助長する方向に向かっているように見えます。一方、かつての社交は、場所と時間を共有して、ホストがいて、あらかじめ物語を皆で共有し、お互いの距離を調整しながら会話を交わし、それぞれがそれぞれの役割を演じていました。そこで必要だったのが、食事や服装、装飾物といった社交ごとのコードです。それによって様式や文化が生まれ、産業が栄えたと言っていい。いま、改めてそういったコードのデザインが必要なのではないでしょうか。

これからは、顔見知りの人たちだけでなく、ネットでつながっていた人たちが、リアルに出会い、さらに深く信頼を築いていくような新しい社交が始まっていくことに期待したいですね。

出口　そもそも社交の主体、社交をしているユニットは、一人称単数の「私＝Ｉ」ではなく複数の「われわれ＝Ｗｅ」です。社交とは徹頭徹尾、共同行為なのです。一方、ただたんに個人が複数いただけでは「Ｗｅ」は発生しません。複数の個人を束ねる「何か」がなければ、「われわれ」は成立しないのです。

「われわれ」を成立させる「何か」にはさまざまなものがあり得ます。共通の目的、共有されている規範やコンベンション、すなわち習慣や黙約、さらには地縁血縁関係といった事実。こういったものがさまざまな仕方で組み合わさって「Ｗｅ」を成立させているのです。「Ｗｅ」を束ねる原理が異なれば、できあがった「Ｗｅ」もまた異なります。たとえば血縁という原理によって束ねられた「Ｗｅ」は、その外側にいる他者を容易に寄せ付けない「閉じたＷｅ」になってしまう危険性をはらんでいます。その点、もっと緩やかな原理で束ねられている「社交のＷｅ」は、その都度立ち現れては、その都度ほどけては消えていくという「その都度性」を持つ一方、他者が容易に出入りできる「開放性」をも備えた風通しの良い「開かれたWe」にもなり得ます。

排外主義や同調圧力につながってしまう「閉じたWe」をいかに避け、開いていくかを考えるうえでも、その都度ほどける「オープンなWe」としての「社交のWe」、そしてそれを束ねている原理は注目に値すると思います。

山極　何のために集まるのか、ということですね。そのためには社交をデザインするホストなり、仕掛け人なりが必要なのかもしれません。それは新しい産業になり得ると思います。

澤田　確かに、排他的、閉鎖的な社交ではなく、開放系のネットワークをいかにつくれるか、というのがこれからの課題になりそうです。もっとも、技術だけで実現できるものではなく、新たなマインドセットが必要ですね。

山極　これからの社交の意義は、私はもう一つあると思っていて、それはアイデンティティの創出だろうと思っています。いまの時代、日本に限らず、血縁・地縁・社縁というものが、希薄になっています。そのなかで、新たな縁を求める人が増えている。自分がいったい何者かと言われたときに、社交をたどれば、その人のアイデンティティが見えてくる。そういうかたちとして、新たな社交をデザインしていくことが求められているのだと思います。

リズムから文化が生まれる──言語の起源としての共鳴

出口　社交においても、カギを握るのが「動き」だと思います。先に社交とは共同行為だと言いました。それは、人それぞれのさまざまな意図や思惑が交錯しつつも、社交そのものも楽しもうという共通の目的によって緩やかに束ねられている動的活動ないしはベクトルなのです。ここで重要なのは、社交を成り立たしめ、成功させるためには、その主体である「われわれ」が、予期しない新しい状況にアジャストしながら、自らをしなやかに変革し続ける必要があります。そしてこの「社交のWe」の一員である個々の「わたし」は、この「われわれ」の絶え間ない自己変革に参加しつつ、社交の遂行、成功に一定の責任を負っています。ここで重要なのは、責任を負うとは、同時に、社交がうまく回らなくなり、その結果を生じ得るさまざまな不都合や不利益に対するリスクを負うことをも意味することです。英語で言う、フェロー、仲間とは、もともと、このように失敗の危険性をつねにはらんだ企画、すなわちベンチャーないしはアドベンチャーにともに参画し、ともにリスクを負う間柄を意味します。たんに一緒にいるだけ

14［1934－2020］京都大学大学院在学中から戯曲を発表、『世阿彌』で岸田國士戯曲賞受賞。『柔らかい個人主義の誕生』などの文明評論で知られ、サントリー文化財団などで芸術文化の振興にも力

でなく、失敗の危険をはらんだ動的な共同行為にともに参加することで仲間意識、**フェローシップ**が生まれるのです。

澤田　ここでも「動」が重要なんですね。

出口　そうです。「静」とちがって「動」にはつねにリスクが伴います。たとえばあらかじめ予見できないリスクに直面した場合、我々はあたふたするわけですけれども、それをなんとか乗り切ろうとするなかで、フェローシップが生まれてくる。たとえば、お祭で神輿を担ぐなんて、その典型ですよね。倒れて怪我をするかもしれないというリスクをともに負いながらやっているわけですから。

こういった**リスクを負った動的な活動をデジタル空間で、どのようにして再構築、再確保していくのか**。それが、今後の社会のＩＴ化の一つのポイントになるのではないかなと思います。

山極　昨年亡くなられた劇作家・評論家の山崎正和[14]さんの著書で、２００３年に出た『社交する人間――ホモ・ソシアビリス』（中央公論新社）という本があります。山崎さんは、人間の本質を「社交」[15]のなかに見出していて、私は非常に重要な本だと思っているのですが、そのなかで山崎さんは「リズム」の重要性を強調されているのです。リズム

を尽くした。そのほか戯曲『実朝出帆』『オイディプス昇天』など、著書『反体制の条件』『鴎外　闘う家長』『演技する精神』など。

15　「二十一世紀の社交はこれまでの組織に代わるものであるから、何よりも人びとに帰属感を与えるものでなければならない。……いいかえれば、組織社会から社交社会への転換はたんに社会構造の改組ではなく、社会のなかの個人の生きかた、個人の感受性の変革を含めて構想しなければなるまい……（略）克服できないリスク社会の克服をめざすのではなく、それと併存しうる別種の社会を避難所とすべきだろう。それが社交社会であり、具体的にはサービス交換の社会であることは繰り返すまでもなかろうが、あえて別の表現を加えるなら、契約社会に対立する信用社会と名づけてもよい」（山崎正和『社交する人間』終章より）

とは、「複数の人間を同調させる最適の手段」であると言っていて、「リズミカルな行動は一面で自己を『見る』行動であり、刻々に自己自身を他者に変える行動である」とも言う。そして、**社交とは「参加者が協力してリズムを盛り上げる行為」**と定義しているんですね。それは私がゴリラの研究で培ってきた経験と非常に重なるのです。ゴリラの場合、群れという集まりは共鳴現象でできています。お互いに身体が共鳴することで群れが成立するわけです。

出口　以前、この3人でお話をさせていただいたときに、山極先生が、言語の元は歌だったという話をされました。対話や座談の場では、複数の話者が同時にしゃべると会話が成り立ちませんが、歌の場合、同時に複数が歌うことは合唱であり何の問題もありません。またとくに屋内で合唱をした場合、声の共鳴が起こり、どれが自分の声で、どこからが他人の声か、聞き分けたり分割したり局在化することができなくなる。ここに真の共同行為が生まれているのだと思います。いくら共同で何かをしたとしても、自分のやったことと他人のやったことを明確に切り分けることができる場合は、まだ単独行為をたんに足しているだけの段階だとも言えます。そうではなく、お互いの行為が溶け合うような体験を持つことが本当の共同行為の経験です。その意味で、共鳴こそが、一番、端的に体験できる共同行為でしょうね。

山極　社交の場で音楽演奏が使われるのは、共鳴を起こさせたいからですよね。パーティーなどでも、ミュージシャンがやって来て、一曲奏でるだけで雰囲気が落ち着きます。それは、自然に身体が共鳴するからでしょう。そういうしかけが、社交には必要だと思います。

その共鳴のなかでとくに重要になるのが、先ほどのリズムです。出口さんが言われたお祭も、リズムの共有です。これを拡大解釈すると、マナーやエチケット、食事、服装といったものも、すべてリズムに回収できる。そういうものを共有しているからこそ、会話のなかでお互いに自然な流れをつくることができるし、違和感を覚えないわけです。この社交が積み重ねられた結果が文化なんですね。社交の場では、普段は互いにちがうリズムを持つもの同士が、コードに従って服装を整えたりして、目的に合わせてリズムを共有しようという気持ちを持ってやって来る。それが重要なんですね。もちろん、オンラインであれば、そうしたコードをかなり省略できるわけですが、それによってリズムの共有が難しくなる、ということがあるのかもしれません。だからこそ、生の社交と、オンラインの社交をうまく組み合わせていくことが肝要だと思うのです。

澤田　通信でもレゾナント（共鳴）性が重要です。最初は1対1だった通信が、1対nになり、n対nになり、いまでは今日のようなテレビ会議が可能になっています。しかし、まだ稚拙ですよね。ここをもう一段階、発展させることで共鳴性を高めることができるし、そうしたシステムが求められていると思います。

山極　いまも、オンラインで互いの顔を真正面から見ていますが、生身ではこういう状況はあり得ないですからね。

澤田　視線もずれて合いませんね。

山極　とくに、オンラインでしゃべっているときに自分の顔が見えるというのも、これもこれまでまったく経験しなかったことです。

澤田　あまりうれしくないです、私は（笑）。

山極　こんな顔をしてしゃべっているのかよ、ってね（笑）。

澤田　こういう新しい体験のなかに、いかに共有できるリズムを生み出していくのかということを再考していかなければなりませんね。

また、ネットの世界で膨大な情報が蓄積されるなかで、情報が操作され、情報の一部が切り取られて編集されたり、さらにはフェイク情報がつくられたりして、これを消すことができない、「デジタルタトゥー」[16]も問題になっています。こうしたことが、「私たち」の分断を進めている一面があります。やはり新しい社会システムや法制度を含めたガバナンスが不可欠でしょう。同時に、今日、話題に出た、動きを表現でき、矛盾を内包しつつ共鳴性を高めるような新しい思想が必要だと感じます。

発酵のローカリティ――固有性が価値となるコンテクストをつくる

澤田　コロナ禍では、分散型の国土形成が注目されています。NTTもいま、本社の機能を分割して一極集中を是正し、地方に機能を分散させたいと考えています。時間はかかりますが、職住近接を実現し、地元で働けるようにしたい。実際に、転勤や単身赴任をなくす方向で動き始めています。そういう意味では、「廃県置藩」をしないといけないんじゃないかと考えているのです。

山極　廃県置藩ですか、いいですね（笑）。

出口　先ほど山極先生がおっしゃったベルクの思想が想起されますね。ローカリティについて考える際に、ベルクが影響を受けた和辻哲郎の風土の考え方は、いまだに有効だろうと思います。

16 いったんインターネット上で公開された書き込みや個人情報などが、一度拡散してしまうと、完全に削除するのが不可能であることを、入れ墨（タトゥー）を完全に消すことが不可能であることにたとえた比喩表現。

ただし和辻の風土は、地球規模の気候帯のスケールで考えられているので、少々きめが粗すぎるかもしれません。私はもっとミニマムに、たとえばいまのお話で言えば、都道府県よりもさらに小さな単位に即して、それらの間のちがいや多様性を視野に入れていくことが重要だと思っています。よりローカルな視点が必要だということです。

ベルクは風土のことを、「ミリュー(milieu)」と訳しています。人間を中心としてその周囲を取り囲む「環境」や「境遇」という意味です。ただ、私はミリューと訳すと、抽象的すぎてちょっともったいない気がするのです。フランス語には**「テロワール(terroir)」**という言葉がありますよね。テロワールとは「土地(terre)」から生まれた語で、たとえばワインの場合、まったく同じ品種のブドウであっても、土壌や気候といった生育環境や栽培方法によって変わってくる味のちがいを指します。フランスのブルゴーニュあたりでは、同じピノ・ノワール種のブドウを用いていても、畑の畝が一つちがうだけでもテロワールが異なるとも言われているそうです。風土という言葉を、たとえば「テロワール」と訳して、より微分可能な概念にすることで、ローカリティに関してよりきめの細かい議論ができるのではないかと考えています。

山極 フランス人は、格付けがうまいですよね。ワインの場合は格付けに大きな意味がありますが、日本酒では格付けができていない。そこはもったいないと感じます。最近、酒や味噌、しょうゆなど、酵母を使った産業の人と話す機会が多いのですが、日本酒の場合、そもそも料理に合わせて造るということをしてこなかった。地域の伝統にのっとって造っていて、もちろん質は非常に良くなって、おいしくなりましたけれども、いったいどういうところで、どう使われるべきかという、まさに社交に合わせた格が醸成されてこなかったのです。

澤田　そうした格付けは、実際どうすると生み出せるものなのでしょうか?

山極　**格付けには物語が必要**です。

私は去年、北海道の厚岸《あっけし》町に行って、厚岸ウイスキーを飲んだのですが、ここでスコッチウイスキー造りが始まったのはわずか3年前なのです。厚岸町の一部は釧路湿原にかかっているのですが、ピート（泥炭）と霧と水という湿地ならではの特性が、スコッチ造りに欠かせない三条件と重なったことがウイスキー造りのきっかけになったのだそうです。この三条件がそろっている場所は、世界中探してもスコットランド以外にはカナダと厚岸町しかないらしい。いまや厚岸町のスコッチウイスキーは売れに売れているんですよ。

さらに厚岸町では牡蠣が有名なのですが、牡蠣のブランド化も同時に考えたそうです。厚岸町の牡蠣は、広島の牡蠣などに比べると成長が遅く、あまり大きくなりません。そこで、付加価値をつけようと、ウイスキーを牡蠣にかけて食べるという新たな食べ方を編み出したところ、こちらも非常に人気のようです。

厚岸町のように、日本は自然豊かで、地域によって多様性がありますから、アイデア次第で、世界的なブランドをつくり出せると思います。そこに地域の人たちも気がつくべきだし、自分たちだけで気づくことができないのであれば、地域創生のプランナーなどの力も借りればいい。地域と国が協力しながら、それぞれのローカリティを売り込んでいくという戦略が必要ですね。

出口 テロワールがブランドをつくり、プロフィットを生み出し、産業を育てているわけですよね。そのような道筋をつくっていくことも重要ですね。

■ 大量生産から少量生産へ――ローカルな価値の熟成

澤田 用の美を追求したインダストリアルデザイナーの柳宗理[17]は、既製のプロダクトデザインのなかに、手づくりの温かみを内包させたことで有名ですが、**その場でしかつ**

17［1915–2011］戦後日本を代表するインダストリアルデザイナー。家具、自動車、計器、ミシン、照明器具、テーブルウェア、陶磁器食器、東京オリンピックトーチホルダー、札幌オリンピック聖火台、東名高速道路足柄橋、東京料金所防音壁、関越自動車道路関越トンネル坑口などを手がけた。

くれない手づくりの工芸品や、テロワールのような土地性と、プロダクトとしての標準の思想を同時に実現した珍しい例と言えるかもしれませんね。

出口　工芸品は、「結晶化された時間」とも言えますね。ここでいう時間とは、物理的で普遍的な時間のことではなく、伝統や伝承、さらにはテロワールのような土地性、風土性をも含んだ、土地ごとにつむがれるローカルな時間のことです。それはまさに「土地の歴史」であり、そこにはローカルな物語がいっぱい詰まっている。このような土地の歴史が付加価値へとつながるわけですね。

一方、近代の大量生産における時間は、端的に言ってコストでした。なるべく時間をかけずに、また時間がかかる場合でも、そのかかる時間を標準化すれば、人件費もエネルギーも抑えることができ、製品の値段も下げられるというわけです。このような標準化されたコストとしての時間からは歴史が抜け落ちていたのです。ところがいまや時間がむしろ利益を生み出すケースが出てきているとすると、そこでは**近代的なコストとしての時間とは異なった歴史的な時間にふたたび焦点が当たっている**と言えるかもしれません。

山極　先ほど、遊動の時代について語りましたが、これは「シェアの時代」と言い換えてもいい。動くときに、多くのものを持ち運べませんからね。そう考えると、もはや、労働集約によってどんどん新しい品質のものをつくって、安く売っていく、という時代ではありません。環境問題に直面するなかで、もはや人類は大量生産も、大量消費もできなくなってしまった。これからは、**少数のものしかつくれないけれど、そこに物語があって価値があるようなものを効率的に配分する、という世界**をつくっていくべきでしょう。

澤田　地球環境の制約を考えると、これからは地産地消のモデルがベースになっていくでしょうね。エネルギーもそうなっていくと思います。これまでは、エネルギーも通信も中央集権的でしたからね。それをどう、分散の方向に転換していくのかが、これからの時代の焦点になっていくと思います。

〈新しい社会〉の基盤としてのIOWN──新たな社交を通じて

山極　いま、サイバーとフィジカルがあたかも地続きであるかのような世界をつくるというのが、世界の方向性です。そうなると、複数の自分というものがサイバーとフィジカルの世界で行き来することになってきます。我々は生身の世界だけで生きているのではなくて、仮想の世界に飛躍できるわけですね。

ただ、サイバーでだけつながることが常態化してしまうと、社会は均質化して、文化が消えてしまうと思うんです。社交のなかでは人々は自らの欲求を抑えて、参加者が協力してリズムを盛り立てていきます。そこで必要なのは、ふだん**親しいものだけで固まるのではなく、新たな出会いを楽しみ、新たな社会関係を築くこと**です。これにより文化や分野のちがいを超えて会話が生じ、新たな気づきが生まれ、それが未来をつくるきっかけになると思っています。

出口　科学技術の危険なところは、標準化、平板化を志向しすぎるところにあります。それは19世紀からずっと指摘されてきた問題ですが、そのような動向は止まるところを知らず、結果としてグローバリゼーションを引き起こし、人々の生をますます均質化してきました。このような**グローバルな標準化、平板化の圧力にどうやって対抗して、文化や歴史のテロワールをどう守っていくべきか**が、今後より一層重要になってくると思います。

科学技術は諸刃の剣です。私たちはすでに、その諸刃の剣による傷を、かなり負ってきた。これからはそのような自傷行為をできるだけ避けて、過度な標準化や平板化をもたらさない科学技術を創造していくことが必要です。それはまた、「開いたＷｅ」をつくっていくことでもあると思います。そこにＩＯＷＮが貢献することを期待しています。

澤田　ＩＯＷＮは、さまざまな環世界が同時に存在し、サイバーとフィジカルの行き来を通じた**新しい「社交」によって多様な文化を生み出すメディア**にならなければならないと感じました。それには、新しい社交、新しい社会とはどのようなものであり得るか、引き続き対話を重ねて考えていく必要がありますね。

技術と思想の〈あいだ〉

オープン・アーキテクチャが創り出す未来

Dialogue 03

×

坂村 健

[コンピュータ・アーキテクト]

坂村 健（さかむら・けん）

1951年、東京生まれ。INIAD東洋大学情報連携学部長、東京大学名誉教授、NTT社外取締役。1984 年からオープンなコンピュータ・アーキテクチャ「TRON」を構築。いつでも、どこでも、誰もが情報を扱えるユビキタス社会実現のための研究を推進。紫綬褒章、日本学士院賞、ITU150Awards受賞。主な著作に『ユビキタスコンピュータ革命』（角川書店）、『21世紀日本の情報戦略』（岩波書店）、『ユビキタス、TRONに出会う』『グローバルスタンダードと国家戦略』（NTT出版）『IoTとは何か 技術革新から社会革新へ』『DXとは何か 意識改革からニューノーマルへ』（KADOKAWA）など多数。

1 課題はインフラの標準化——ベストエフォートで柔軟なシステムを

さまざまに課題が見えたコロナ禍

澤田　坂村先生とは、NTTがIOWNを進めていくうえで、具体的にどのような課題をクリアしていくべきか、現実に即した議論をしたいと思っています。

2021年の最大の話題と言えば、コロナ禍における東京2020オリンピック・パラリンピックの開催ということになるかと思います。無事に開催できたこと、またアスリートの方たちのすばらしい活躍を見ることができたことは非常に良かったと思っています。ただ、ここで私が気になったのは、日本におけるコロナ対策がエビデンスベイスド、つまりデータや症例などの具体的な実例（エビデンス）に基づく理論や議論のうえできちんと実施できなかったと思われることです。ウイルス陽性者数だけで議論するのではなく、さまざまな科学的な統計データを活用しながら、多角的視点から議論を深めてほしかったと思っています。

坂村　同感です。一つひとつの問題を独立の問題として解決しようとするのではなく、総合的な分析から、全体最適を導き出す必要がありました。そこが、現在の日本の大きな課題と言えるでしょう。たとえばデータ基盤のようなものをつくって、そこに各種のデータを持ち寄り、そのうえで複合的に解析して、議論を深めるということがいまはできていません。

たとえば、ワクチン接種に関しては、マイナンバー制度を有効に活用できなかったのは非常に残念です。これはワクチンに限った話ではありませんが、日本の地方公共団体の行政システムはすべて縦割りでバラバラなのです。ですから、「ワクチン接種を進める」という大方針を国が出しても、その進め方は自治体それぞれになります。地域ごとにワクチン接種のスピードに差が出てしまいました。

非常事態に対して、今後、マイナンバーをいかに運用していくのか、法制度を含めて見直しをしていく必要があるように思います。

澤田　非常事態において、さまざまなシステムの連携、連結ができないというのは問題ですね。これは以前から指摘されてきた日本の大きな課題と言えます。

日本に必要なのはシステムの標準化

澤田　システムの連携ということに関連して言うと、これまで日本は「標準化」を苦手としてきました。標準化については、坂村先生も以前から指摘されていたことですね。

坂村　日本は、以前から標準化はあまり得意ではなかったんですね。ただ、世界の動きを見ると、標準化が非常に重要であることはまちがいありません。また最近では、個別の技術の標準化というよりも、インフラの標準化が大切になってきています。NTTも、通信の標準化に関しては、ITU[1]（国際電気通信連合）などを通して、以前から注力してきましたよね。つまり、情報通信関係の標準化に関しては、日本もさまざまに貢献してきた。あるいは、コネクターの標準化など、ハードウエアのレベルにおける標準化では、日本もいろいろとがんばってきたわけです。

ただ、インターネットの時代になって、いまやテレビとネットの境がなくなりつつあるように、通信の概念もドラスティックに変化しつつあります。その潮流をいかに先読みして動くのかが重要になっています。とくにいま、求められているのが個別のハードの標準化ではなく、データフォーマットであるとか、ヒューマンマシンインターフェー

1 International Telecommunication Union。国際連合の専門機関の一つとして、電気通信の良好な運用により諸国民のあいだの平和的関係および国際協力並びに経済的および社会的発展を円滑にする目的を持って設立された。

スといった、応用レベルでの標準化です。30～40年前には考えられなかったようなものの標準化が重要になってきている。そうした応用レベルの標準化については、日本は出遅れていると言わざるを得ません。

澤田　そういった意味では、坂村先生が提唱された組み込み向けのリアルタイムオペレーティングシステム、ＴＲＯＮ[2]（トロン）は、ハードの仕様策定のみならず、ユーザーインターフェースやデータ形式の仕様など、さまざまな標準化に貢献されてこられました。標準化することで、システム全体としてうまく連携させる未来像を描いてこられたわけですよね。なかでも、ＣＴＲＯＮ[3]は電話交換機のように、止めることができないサービスを保証するシステムに活用され、現在もさまざまな産業、さまざまな国で採用されています。

坂村　ＣＴＲＯＮは標準化の成功例と言っていいでしょう。ご承知のように、私とＮＴＴが一緒になって、電子交換機のシステムの標準化にトライしました。このとき、米国のタンデムコンピューターズ社（後にヒューレット・パッカードに吸収）やドイツのシーメンスといった世界中の企業が標準化に参画したおかげで、全世界に展開できたと言えます。

2　The Real-time Operating system Nucleus。1984年、坂村健氏が将来のコンピュータ化された社会において協調作動する分散コンピューティング環境の実現をめざし開始したプロジェクト。TRONは自動車、産業ロボット、携帯電話、情報家電などに組み込まれる制御用コンピュータのOSを中心としたアーキテクチャ。オープンソースを前面に掲げて開発されたことでも知られる。

3　Communication and Central TRONの略。メインフレームコンピュータ（現在で言えばサーバ）向けのTRON OSで、通信制御や情報処理を目的とした。日本電信電話公社（現在NTT）の主導で、1985年にプロジェクトを開始した。電電公社の電話交換機での使用を前提とし、CTRON上で動くアプリケーションも制作された。

ただ残念ながら、インターネットの時代になり、電子交換機の需要は以前ほどはなくなってしまいました。

「ベストエフォート」の思想で柔軟なシステムを体現したインターネット

澤田 インターネットの時代になり、通信プロトコル[4]としてTCP／IP[5]が浸透したことで、通信の世界は大きく変わりました。

坂村 TCP／IPをはじめとするIPプロトコルの良い点は、おおらかなところですね。クライアント側がデータを送ってうまくいかなかったとしても、サーバが受け取るまで何度でもリクエストを送信することで通信を確立するわけですからね。

それに対して、電子交換機でやろうとしていたことは、もっと厳密なのです。日本人は「絶対」という言葉が好きですから。絶対なんて言うことは、エンジニアリングでも、サイエンスの世界でも本当はないのだけれど、日本では高いレベルの品質保証が求められてきたわけです。一方、**インターネットはベストエフォートの世界**。最善は尽くすけれど、保証の限りではない、というわけです。この、ベストエフォートという概念が、日本ではなかなか理解されなかった。いや、理解はしていても、納得できなかった

4 異なるコンピュータシステム、ソフトウェアなどが互いに通信するために制定された手順や規格のこと。データ交換を行うためには、送受信のタイミングやデータフォーマットなど、データを送る側と受ける側の双方が解釈できる共通の手順が必要である。そうした手順やデータフォーマットなどを規定したものをプロトコルと呼ぶ。

5 インターネットを含む多くのコンピュータネットワークにおいて、世界標準的に使用されている通信プロトコルのセット。インターネット・プロトコル・スイートとも呼ばれる。複数の階層で構成されており、各機器は下位層プロトコルと上位層プロトコルの両方に従って通信を行っている。

というほうが正しいかもしれません。

澤田　１９９０年代のＮＴＴでは、確かに高いレベルの品質保証を重視する傾向がありました。インターネットに対しても、あれは遊びに使う道具だという評価が、当時の一部の技術系の幹部たちに共有されていたような気がいたします。ところが、ＴＣＰ／ＩＰの緩さ、おおらかさがむしろハンドリングのしやすさにつながったところもあり、結果的に全世界に広まりました。

坂村　何か新しいことを始めようというときに、そういうおおらかさ、柔軟さというのが必要なのだと思います。

2 ＤＸには哲学がいる——変化の時代に必要なもの

■ ＤＸとアジャイル

坂村　高いレベルの品質保証とベストエフォートという概念の対立という話に関連すると、**ＤＸ（デジタル・トランスフォーメーション）**に関しても、同様のことが言えます。

DXの開発方法で**アジャイル**[6]という概念が注目を集めているわけですが、このアジャイルに関しても日本ではあまり採用されません。

　高いレベルの品質保証を求めると、どうしてもウォーターフォール型[7]の開発になってしまうわけです。あらかじめ仕様を決めてから、設計・開発をして、テストを経て運用をするという。ウォーターフォール型のほうが安心するのでしょう。

澤田　ウォーターフォールのほうが、ある面では信頼性が高いと感じるのはわかりますが、完璧ではありません。アジャイルであっても、何回もやり直せばいいだけのことですよね。

坂村　ウォーターフォールとアジャイルはそれぞれに特徴があって、どちらにも良し悪しがある。ただ、仕様がよくわからない状況で素早くシステム開発に臨むのであれば、まずはアジャイルでチャレンジしてみるのがいい。変化の激しい情報通信技術の現状を見れば、とにかくまずはアジャイルでチャレンジしていく方法を取るべきだと思います。

澤田　やはり、日本の企業のマインドセットを変えていく必要がありそうです。同時に、制度面での改革も必要ですね。もはや通信と放送の区別がなくなってきているにも

6　文字通り「素早いシステム開発」を可能とした開発方法（agile：俊敏さ）。つくりたいシステムを大まかに決めたあとは「計画、設計、実装、テストの反復（イテレーション）」を繰り返し、一気に開発を完了させる。システムのリリース後は、ユーザやクライアントからのフィードバックをもとに、システムの改良を繰り返して行う。

7　システムやソフトウェアの開発手法の一種。手順を一つずつ確認して、各工程に抜け漏れがないかを厳重に管理しながら進めていく。開発担当者や責任者、クライアントが各工程の成果物をともに確認し、双方の合意を得たうえで各工程を完了と見なしていく。前の工程に欠陥があると次へ進めず、次の工程に進むと後戻りできない。

かかわらず、それぞれの業界に適用される業法があり、いまだにすべてが縦割りになっていて融合できないというのは非常に問題だと思います。

基本原理を押さえ、哲学を持つべし

坂村　もっとも、ウォーターフォールを全否定して、なんでもかんでもアジャイルに、という発想もまちがっているわけです。まったく勝手のわかっていない人が場当たり的にアジャイルな方法で開発を進めれば、当然、良い結果は生まれません。やはり、双方の利点、欠点を本質的に理解したうえで進めるべきでしょう。

私は大学で教えているのですが、日本の教育の多くは、表層的なところでとどまっていると感じます。ＩＴを支える人材は必要ですが、むやみにシステムエンジニアやコーダーを量産するだけでは意味はありません。**コンピュータサイエンスの基本的な原理を理解するとともに、どういう潮流のなかでテクノロジーが進展していっているのかといった、メタな視点も持てるような教育が必要**でしょう。よくハウツー本の宣伝文句で「数学がわからなくても理解できる〜」と謳われていたりしますが、やはりそれでは原理は理解できません。面倒臭がらずに、基本から理解をしようとする姿勢が大切です。

澤田　答えだけ、あるいはノウハウだけ求めるようなところがあります。

坂村　残念ながら、日本では基礎となる哲学的素養、教養を身につけるような教育もなされてこなかった。そうした教養を身につけるには、膨大な時間がかかるので、仕方がない部分もあります。ただ、そうした教養がないと、徹底した議論ができないのです。

澤田　同感です。企業活動においても、**粘り強いディスカッションや創造性がきわめて重要**になります。ところが残念なことに、自分の頭で考えないままに「どうしたらいいですか」と、上司に聞いてくる人が増えています。外部のコンサルティング会社に頼ったところで、自社の事業を一番よく理解しているのは自分たちですから。

坂村　外部のコンサルティング会社に丸投げしてしまう企業も増えていますね。プロのコンサルタントは、プレゼンテーションがうまいので、それらしく聞こえるのかもしれませんが、すべてコンサル会社頼みでは他社との差別化ができなくなってしまいます。これからは、全社員が自分の考えを他者にしっかりと伝える訓練をしていかなくてはなりません。

澤田　自分の考えを他人にしっかりと伝えるためには、表層的な理解ではなく、基本的な原理を理解するとともに、それを支える哲学がなくてはならないと、私は思っています。そのうえで、継承すべきものは継承し、新しいものを取り入れていく、あるいは生み出す姿勢が必要でしょう。

坂村　表層だけを見て、ほかの真似をしたところでイノベーションにはつながりません。根本的にどうしなければならないかを、時間はかかるかもしれないけれど、根本から考えていくことが肝要です。結局は、そのほうが近道なんですね。

最近のDXなどを見ていても、現状をまったく変えないで「ただたんにデジタル化すればいいんでしょ」といった発想が目立ちます。それではたんなるデジタルによる効率化でしかありません。**DXというのは、デジタル技術によるトランスフォーメーション、つまり「変革」「構造改革」という意味を含んだ言葉**です。情報通信技術やIoTを活用し、そこから集まってくるビッグデータを、AIなどを使いながら解析し、抜本的な変革をしていくことがDXです。つまり、産業プロセスはもちろんのこと、私たちの生活や社会、企業、国家などすべてに変革を起こそうという動きなのです。やみくもにバズワードに踊らされるだけでは、変革など起こしようもありません。

■「引き算の思想」の必要

澤田　2021年9月にデジタル庁[8]が発足しました。坂村先生は、デジタル庁に何を期待されていますか？

坂村　これまで霞が関になかった官庁ができるわけですから、チャレンジングですよね。現状、霞が関にはデジタルの専門家がまったく足りませんから、民間からのエキスパートの登用がカギになってくるでしょう。日本の全ICT産業が協力するとともに、志を持った人々が集まり、日本の国を良くしていくように協力していく姿を願っています。

デジタル庁の仕事に参画する民間企業は、長期的な視野に立って、DXを進めることにより社会課題を解決し、日本を豊かな国へ導いてほしい。その結果として、自分たちの企業も繁栄する。そういう姿勢で臨んでほしいと思っています。

それを実現するには、志を持った人々が集わなければならないのですね。やはり重要なのは、先ほど澤田さんがおっしゃったマインドですね。言い換えるなら、哲学。そうした正しいマインド、哲学を持った人々が集まれば、デジタル庁は必ずうまくいくと思います。

澤田　マイナンバー制度を導入する際には、NTTが筆頭になり、その下に既存ベン

8　2021年9月1日設置。「デジタル社会形成の司令塔として、未来志向のDX（デジタル・トランスフォーメーション）を大胆に推進し、デジタル時代の官民のインフラを今後5年で一気呵成に作り上げることを目指します。徹底的な国民目線でのサービス創出やデータ資源の利活用、社会全体のDXの推進を通じ、全ての国民にデジタル化の恩恵が行き渡る社会を実現すべく、取組を進めてまいります」（デジタル庁HPより）

ダーであるNTTデータ、日立製作所、NEC、富士通が傘下として入るかたちで実現しました。当時は日本の大事なシステムをつくるということで、それぞれの企業の棲み分けが大事だろうという観点から、NTTだけの考えを押しつけることなく、皆で協力し合ってシステムを構築しました。そのときはそれで良かったと思いましたが、昨今の社会状況と照らし合わせると、ときに強いリーダーシップも必要かなという考えに傾いています。

坂村　何か新しいプロジェクトをやろうとしたときに、それぞれの組織の主張が強すぎると、うまくいきません。そのときに大事なのは、**「引き算の思想」**です。日本には引き算の思想がなく、足し算の思想に陥りがちです。

だから、新しいものをつくろうとするときに、以前にあったものもすべて残してしまう。わかりやすい例で言えば、ERP[9]（基幹業務システム）とMRP[10]（生産管理システム）がありますよね。同じようなシステムなのに、いまだに混在しています。結局、新技術が開発されても、前からやっていたシステムを守ろうとして、新技術に反対する人が出てきたりする。すると、前の方式も残したまま新技術を導入しようみたいなことになる。古い方式が信頼の担保になることもあるけれど、イノベーションの足を引っ張ることも

9 Enterprise Resource Planning。企業全体を経営資源の有効活用の観点から統合的に管理し、経営の効率化を図るための手法・概念。多くの場合、リアルタイムで、ソフトウェアとテクノロジーによって仲介される。

10 Material Resource Planning。工場などの在庫管理で生産を管理する手法。仕掛量（次の工程の材料の在庫量）がゼロになると次の工程がストップしてしまうので、仕掛量がゼロにならないよう入庫量を調整する。

大いにあります。

マイナンバーカードでも、同じ問題が根にある。プライバシーを理由に、使用制限をどんどん付けていった結果、誰もが活用できるインフラとして機能しなくなってしまった。もちろん、プライバシー権については十分に議論する必要があるでしょう。一方で、行政サービスをデジタル化しようとすれば、それぞれの住民なりに対して何らかの番号（ID）を付ける必要が出てきます。そのとき、自治体ごとにちがう方式でIDを付けていたのでは、汎用性を持たせることができません。結局、現状のマイナンバーカードは、戸籍謄本や住民票を取得するだけの機能しかなくなってしまった。それだけだと、誰も欲しくはないですよね。

ポジティブリストとネガティブリスト

澤田 深刻な問題ですね。海外では、古くからDUNSナンバー[11]を使って企業の識別コードを統一し、企業や政府がデータベース上で企業を識別する手段として用いてきましたが、これが国内ではいまだに浸透していません。各企業が標準化に同意して協力すれば、簡単に解決する問題なのです。

11 米国のダン・アンド・ブラッドストリート（D&B）社が開発し、管理している9桁の企業識別コード。世界の企業を一意に識別できる。顧客管理、調達先管理、さらには各企業が運営するさまざまなプログラムで活用されている。D-U-N-Sと表記することもある。

坂村　いろいろの証明書にマイナンバーを使うようになれば、その利便性が理解されると思うのですが。ようやく最近、健康保険証利用が始まり、運転免許もマイナンバーカードで代替させようという動きが出てきましたね。とはいえ、カード配布から5年も経ってやっとですから、このデジタル時代には遅いとしか言いようがない。

澤田　その根底には、省庁のサイロ化[12]という問題がありますね。

坂村　サイロ化の根源というのは、日本の法律体系にあると思っています。日本の法律というのは、大陸法に基づいてつくられていますよね。大陸法というのは、ポジティブリスト方式と言って、「やっていいこと」だけが書いてある法律体系です。

これに対して、米国などで採用されている、英米法は根本思想がちがっています。法律の体系がポジティブリスト方式[13]とは正反対で、ネガティブリスト方式なのです。「やっちゃいけないこと」だけが条文に書いてある。たとえば、米国はネガティブリスト方式なので、選挙にインターネットを使ってはいけないとは書いていないから、1989年のインターネット民間開放直後から使えたわけですね。米国の公職選挙法がつくられた時点では、インターネット自体が存在していなかったわけですから、当然ですよね。

日本の場合、これが正反対になる。大陸法で、ポジティブリスト方式だから、法律に

12 システムや業務プロセスなどが、他事業部や部門との連携を持たずに自己完結して孤立してしまうこと。サイロ化すると、同じ機能が各部署の業務プロセスやシステムに散在し、全体の視点で見ると多くの無駄が生じる。また、各部門が持つ情報を横断的に見ることができなくなり、業務の現状を把握することが難しくなる。

13 原則として規制・禁止する状態で、例外的に許されるものだけを列挙した一覧表をポジティブリストと呼ぶ。反対に、原則として自由とする状態で、例外的に禁止・規制するものを列挙した一覧表をネガティブリストと呼ぶ。大陸法を適用しているヨーロッパ各国や日本などではポジティブリスト方式をとるケースが多い。米国、英国、オーストラリアなどの英米法を適用する国々ではネガティブリスト方式をとる場合が多い。

やっていいと書いていなければ、法律違反になってしまうのです。当然、日本の公職選挙法にはインターネットを使っても良いなどとは書いていないわけだから使えません。そこにも、日本でイノベーションが起こりにくい社会的な構造があると思っています。

「グリーンフィールド」を実験場に

澤田 法体系の根本的な思想から考え直すとなると、容易なことではありませんね……。

坂村 それは無理な話でしょう。そこでアイデアとしてあり得るのが、特区です。あるエリアに限って、試験的にネガティブリスト方式の法律を施行する。そこでうまくいった事例を精査して、最終的に全国に普及させていく。こういった試みが、今後は重要になってくると思います。

中国で言えば、かつての香港が特区の役割を担っていました。中国に限らず、江戸時代の日本にも、長崎に出島が築かれ、特区のような役割を果たしてきました。イノベーションを起こすためには、現代の日本にも、出島のような実験的な場が必要だろうと思います。

しかし、そうした特区をつくって新しいことをやろうとすると、その土地にもともと住んでいた方たちが反対するかもしれません。ステークホルダーの合意は非常に重要です。しかし、ステークホルダー全員の合意を得るのは至難の業《わざ》でしょう。

そこで重要になってくる概念が、「グリーンフィールド」[14]です。これまで何もなかった場所に投資をして、新たに特区として建設するわけです。いま、ＮＴＴも協力してトヨタが開発をしている「ウーブン・シティ」なども、まさに、グリーンフィールドの一つですよね。あの場所は、もとはトヨタの東富士工場の跡地ですからね。一から街をつくるのであれば、実証実験がしやすいようにデザインもできるでしょう。これは非常に、画期的な試みだと思います。

澤田　ＩＯＷＮもぜひ、グリーンフィールドのような場所で実験をしていきたいと考えています。もっとも、グリーンフィールドの周辺にも住民がいらっしゃるし、その土地独自の文脈があり、それぞれのローカリティがあります。そこは丁寧に合意形成を図っていく取り組みが不可欠ですね。

企業のなかにもグリーンフィールドを

14 グリーンフィールド投資。いままでなんの関連施設もない、まっさらな状態から、工場などのビジネス投資や社会インフラ投資を行うこと（Green Field：緑の野原や未開発の土地）。まっさらな状態からつくるため既存の権利関係などのしがらみがなく、思ったようにビジネスができる自由さがある一方、予期せぬ事態が発生するリスクもある。

坂村　さらに、IOWNの実現に際して、NTTの内部にも、社長直下のグリーンフィールド的な組織が必要だろうと思っています。NTTのような大企業で、いざイノベーティブなことをやろうとしても非常に難しいですからね。それこそ、NTTの社内規則自体が、先ほどの大陸法みたいなものですよね。規則に書いていないこと、慣例にないことは禁止するような社風があります。そうした環境では、チャレンジ精神は生まれにくいし、イノベーションも起こり得ないでしょう。

澤田　おっしゃることはよくわかります。社内に、イノベーションの芽を育てるような、**インキュベーション機能を持たせるようなしくみ**を考えていかなければなりませんね。

坂村　NTTの社外取締役の立場で言うなら、NTTの社員の皆に、自社の製品やサービスに愛着を持ってほしいし、そうでなければNTTの将来は危ういと思っています。NTTは、もとは電信電話公社であり、日本中に電話線を張りめぐらせる、というインフラ事業からスタートしています。しかし、これからはコンシューマー寄りのいろいろなチャレンジをしていかなければならない。もちろん、基幹となるインフラ部分をしっかり担いつつも、BtoCの意識を持たなければ、インターネットの先の時代を生き抜いていくことはできないでしょう。

アップルもグーグルも、もとはＢｔｏＣから始まったベンチャーですが、近年では、ＢｔｏＢに注力していますよね。ＢｔｏＣで培った実績や経験、とくにユーザーインターフェース（ＵＩ）やユーザーエクスペリエンス（ＵＸ）などを通して得られたさまざまな知見が、ＢｔｏＢビジネスにも存分に活かされています。ＧＡＦＡを脅威と捉えるだけでなく、彼らからより謙虚にＢｔｏＣのビジネスの勘所を学んでいくことが肝要でしょう。

3 IOWNのマインドセット ――オープンとベストエフォート

ビジョンを掲げ、マインドセットを切り替える

澤田　かつて、ＮＴＴには、コンシューマー向けのマーケティングという発想がありませんでした。社員に、お客さまはどういった製品を欲しがっているのか考える習慣がなかったのです。それでは、魅力的な商品はできませんし、自分たちの製品やサービス

に愛着を持つことも難しいでしょう。

必要なのは、包括的なビジョンを持つということですね。明確なビジョンを描けなければ、どんなプロジェクトもスタートすることはできません。そのためには、これまでの因習に囚われることなく、マインドセットを切り替えることが不可欠でしょう。


坂村　同感です。巨大な組織が、一気に変わるのは難しい。そこで重要になってくるのがリーダーシップです。経営トップが明確なビジョンを示すということは、きわめて重要になります。

米国のベンチャーの場合、創業したばかりの3〜4人の規模であっても、いきなりインターナショナル部門は誰が担当するのかなんて話をするくらい、世界進出ということが最初から念頭にあります。創業時から、世界標準を視野に入れているということです。日本の場合、確固としたビジョンを持って、それをどうやって世界標準にするかという戦略に乏しい。放っておいて、世界中に広まるものなんて何もありません。そこは、やはりGAFAに学ぶべきでしょう。偶然に広まったものなど何もなくて、すべて意識的に戦略的に動いた結果ですからね。

日本の企業は、良い技術があったら、それが自然と世界中に広まって、皆が使ってくれると思い込んでいる節があります。そんなことは、米国でも起こりません。そもそも、コンペティターが多いですからね。いまは、新しいアイデアが生まれたら、ネットを通じて、情報がすぐに世界中に伝わる時代です。そうすると、必然的にコンペティターが群がってくる。新しいビジネスを展開しようと思うのなら、自分たちでイニシアチブを取って、世界に広めるという気概を持たなければ難しいと思います。

澤田　ＩＯＷＮをやるからには、最初から世界標準を考えなければダメだということですね。

坂村　そうです。最初から、世界標準を意識しなくてはいけません。少なくともトップが、絶対にこれは世界に浸透させるという強い意志を持たなければ、成功することはありません。私は、澤田さんに期待しているのです。

澤田　ありがとうございます。

オープン・アーキテクチャが世界を変える

坂村　ＩＯＷＮを世界標準にするために必要なマインドが、「オープン」化です。これまでのＮＴＴは非常にクローズドな会社でした。オペレータが全部仕切って、クローズドにして、品質保証を大事にしてきた。それが、これまでのＮＴＴの価値観でした。しかし、冒頭でお話ししたように、現在のＩＰベースの世界というのはオープンな価値観に支えられています。そして、ベストエフォートです。

少なくともこのオープンやベストエフォートという考えを、ＩＯＷＮの基本的なマインドセットとして備える必要があるでしょう。現在の情報通信の最先端の開発において、クローズドでやろうなどという取り組みはないし、オープン・アーキテクチャの方向にどんどん進んでいます。オープンかつベストエフォートで、いろいろなシステムをつくることが、結果的に信頼性を高めることにつながると思っています。

また、具体的な開発手法としては、アジャイルでやっていく。当然、ＮＴＴ社員のやり方もマインドも根底から変えていく必要があります。そうでなければ、これまでのように前例踏襲の会社になってしまいますからね。

澤田　私自身、完全にオープンの方向を向いています。もちろん、競争相手がいるわけですから、すべてをオープンにはできないだろうという考え方はあります。しかし安易にクローズドにするのではなく、オープンななかで差異をつくることこそが経営戦略であり、経営者としてきわめて重要な判断になってくると思っています。

坂村　グーグルはＡＩの最先端の強化学習に関して、さまざまなコードまですべて、オープンソースにしていますよね。それで、グーグルという企業は弱まったかと言えば、そんなことはありません。もちろん、絶対に外に出さないところは徹底して出さないわけですが（笑）。

澤田　実に戦略的ですよね。

Ｌｉｎｕｘ[15]もオープン・アーキテクチャだからこそ、うまくいった面が多々あります。私も、ＩＯＷＮは基本的にオープン・アーキテクチャで開発していきたいと考えています。すでにそのための布石としてIOWN Global Forumを立ち上げ、世界中から仲間を募っています。設立メンバーとして、我々にインテルとソニーが加わり、さらに主要メンバーには、グローバル通信事業者である中華電信、オレンジ（旧フランス・テレコム）、通信機器・情報機器のグローバル大手である、エリクソン、ノキア、シスコ、デル、マイクロソフト、オラクル、サムソンなどが参画しています。これに、日本のベンダーである富士通、ＮＥＣ、日立が加わって、シリコンバレーに事務局を設置し、当初からグローバルに活動を展開しています。

坂村　オープンにすべきだと思います。なんでもかんでも特許を出すというのは、も

15　Unix系OSの一つ。フリーかつオープンソースなソフトウェア共同開発としてもっとも傑出した例。ソースコードは無償で入手でき、誰でも自由に使用・修正・頒布できる。世界中の開発者の知識を取り入れることで、幅広い機能と柔軟性を獲得し、多くのユーザの協力によって問題を修正していくことで、高い信頼性を獲得した。

う完全に時代遅れです。狙ったところだけ確実に特許を取ればいい。**何がコアコンピタンスなのかということを、改めて考え直す時期**に来ているのだと思います。

いままさに世界的な半導体不足が深刻化していますが、IOWNは日本の半導体産業の二の舞にならないようにしなければなりません。

そういう意味では、短期ビジョンとともに、やはり長い目で物事を見ることが必要でしょう。コロナ禍の教訓を活かし、非常時にどう対応するのかということも含めて、**長期ビジョンを描いていくことが不可欠**だと思います。

澤田　力強いお言葉をありがとうございます。これからもさまざまにアドバイスいただけますよう、よろしくお願いいたします。

身体とITの〈あいだ〉

生成のコミュニケーションへ

Dialogue 04

伊藤 亜紗
[美学者]

渡邊 淳司
[NTT コミュニケーション科学基礎研究所]

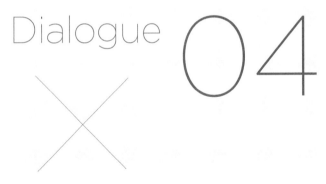

伊藤 亜紗（いとう・あさ）

東京工業大学科学技術創成研究院未来の人類研究センター長、リベラルアーツ研究教育院教授。MIT客員研究員（2019）。専門は美学、現代アート。もともと生物学者をめざしていたが、大学3年次より文転。2010年に東京大学大学院人文社会系研究科基礎文化研究専攻美学芸術学専門分野博士課程を単位取得のうえ退学。同年、博士号を取得（文学）。主な著書に『目の見えない人は世界をどう見ているのか』（光文社）、『どもる体』（医学書院）、『記憶する体』（春秋社）、『手の倫理』（講談社）。『見えないスポーツ図鑑』（渡邊淳司、林阿希子との共著、晶文社）など。WIRED Audi INNOVATION AWARD 2017、第13回（池田晶子記念）わたくし、つまりNobody賞、第42回サントリー学芸賞受賞。

渡邊 淳司（わたなべ・じゅんじ）

NTTコミュニケーション科学基礎研究所人間情報研究部上席特別研究員（同 人間情報研究所サイバー世界研究プロジェクト、社会情報研究所 Well-being研究プロジェクト 兼務）。人間の触覚のメカニズム、コミュニケーションに関する研究を人間情報科学の視点から行なう。また、人と人との共感や信頼を醸成し、ウェルビーイングな社会を実現する方法論について探究している。主な著書に『情報を生み出す触覚の知性』（化学同人、毎日出版文化賞（自然科学部門）受賞）、『表現する認知科学』（新曜社）、『情報環世界　身体とAIの間であそぶガイドブック』（伊藤亜紗らとの共著、NTT出版）、『わたしたちのウェルビーイングをつくりあうために』（共監修・編著、ビー・エヌ・エヌ新社）など。

1 伝達モードと生成モード
——2つのコミュニケーション

接触できないリモートワールドの渇望

澤田　伊藤亜紗先生、はじめまして。どうぞよろしくお願いします。

本日はこうしてオンラインでお話をさせていただくわけですが、コロナ禍をきっかけに進展しつつあるリモートワールドにおける「身体性とテクノロジー（IT）の可能性」を中心に、伊藤先生と、NTTコミュニケーション科学基礎研究所の渡邊淳司さんと対話をさせていただきたいと思っています。

ご承知のように、NTTという会社は、電電公社の時代から通信のためのインフラを整備することに注力してきたわけですが、NTTがビジョンとして描いてきたのは、一貫して「伝達メディア」としてのあり方でした。伝達というのは、伊藤先生もご著書のなかでお書きになっているように、メッセージが発信者側にあって、発信する側とメッセージを受ける側の役割が明確に分かれている、というようなコミュニケーションの姿ですよね（**図1**）。ただ、それだけでは双方向のコミュニケーションのなかで生成的に生み出されるもの、なかなか言葉にはならないようなものまでをすくい取ることはできないのだと思います。

次世代情報通信基盤であるＩＯＷＮでは、そうした生成的なコミュニケーションをも可能にする、環世界をつなぐメディアをめざしているわけですが、たんに従来のような伝達モードでつないだだけではダメなのだろうと思っています。そこで本日はお二人との対話を通じて、これからのリモートワールドにおけるＩＴの可能性について考えてみたいと思っているのです。

伊藤　はい、どうぞよろしくお願いします。

渡邊　よろしくお願いいたします。では、まず私から少し話題提供をさせていただきます。

まず、リモートワールドにおける身体といったときに頭に浮かんだのが“Skin Hunger”という言葉でした。日本語に訳すと「皮膚接触渇望」。言い換えれば**「人との触れ合いに皮膚が飢えている」**ということです。まさにコロナ禍で私たちが感じていたのがこの“Skin Hunger”だと思います。もちろん、ただ「飢える」と言っても、人と

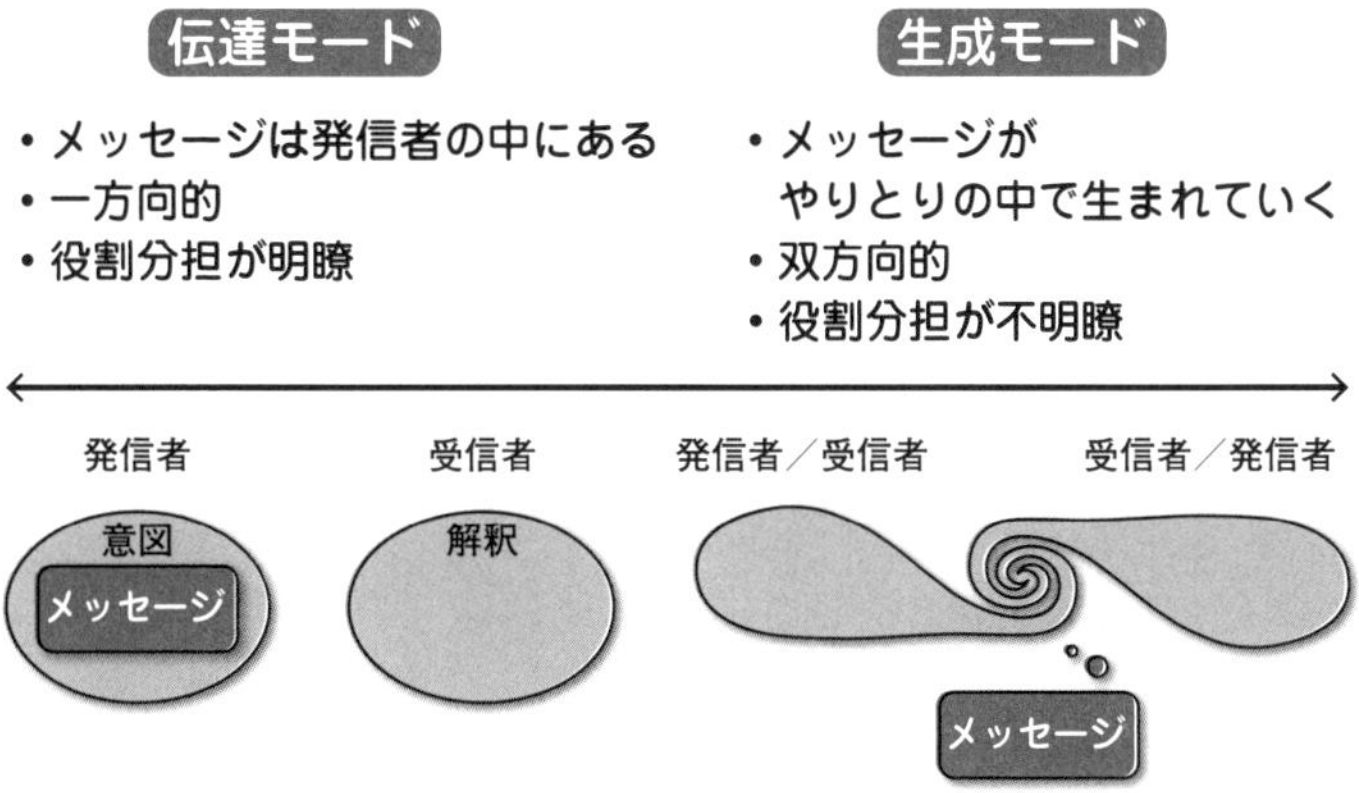

図1　伊藤さんが提唱するコミュニケーションの２つのモード。伝達モードは、発信者の中にメッセージがあり、それを受信者に伝えるモード。生成モードは、お互いやり取りをしているうちにメッセージが生成されていくモード。障がい者の世界では圧倒的に伝達モードが多くなりがち。

の触れ合いのいったい何に我々は飢えているのか。そのことについて、もう少し深く掘り下げて考えてみたいと思います。

私自身は、触覚のコミュニケーションの研究者ですが、触覚は乳幼児の成長における親子の関係構築に欠かせないものですし、「手当て」という言葉があるように、痛みや、不安や憂鬱、緊張を緩和するうえでもきわめて重要な役割を果たす感覚の一つです。

そして、このような触覚の役割に着目した「心臓ピクニック」というワークショップを、2010年から継続的に行っています（**図2**）。このワークショップでは、聴診器と掌に乗るサイズの四角い白い箱が接続されたデバイスを使います。聴診器を胸に当てると白い箱が心拍に合わせてドキドキと振動し始めるのです。箱を手に持つと、自分の心臓の動きを掌で直に感じることができます。たとえば、静かに座っているとき、寝転んでいるとき、あるいは運動をしているときなど、ときどきに応じて拍動が変化する様子をリアルタイムに感じることができるわけです。

　さらにワークショップでは、名刺交換をする代わりに、相手に箱を手渡す「心臓交換」をします。この体験では、直接触れることのできない他者の命に触れることで、生命としての存在をお互いに感じ合うことができます。これは、皮膚が何に飢えているのか、という先ほどの問いへの一つの示唆でもあります。私たちがいま飢えているのは、まさに**相手の存在自体に触れるということ**なのではないでしょうか。遠隔が当たり前になった世界で私たちが求めているのは、**何かができるという価値**、つ

触覚から感じられる内在的価値

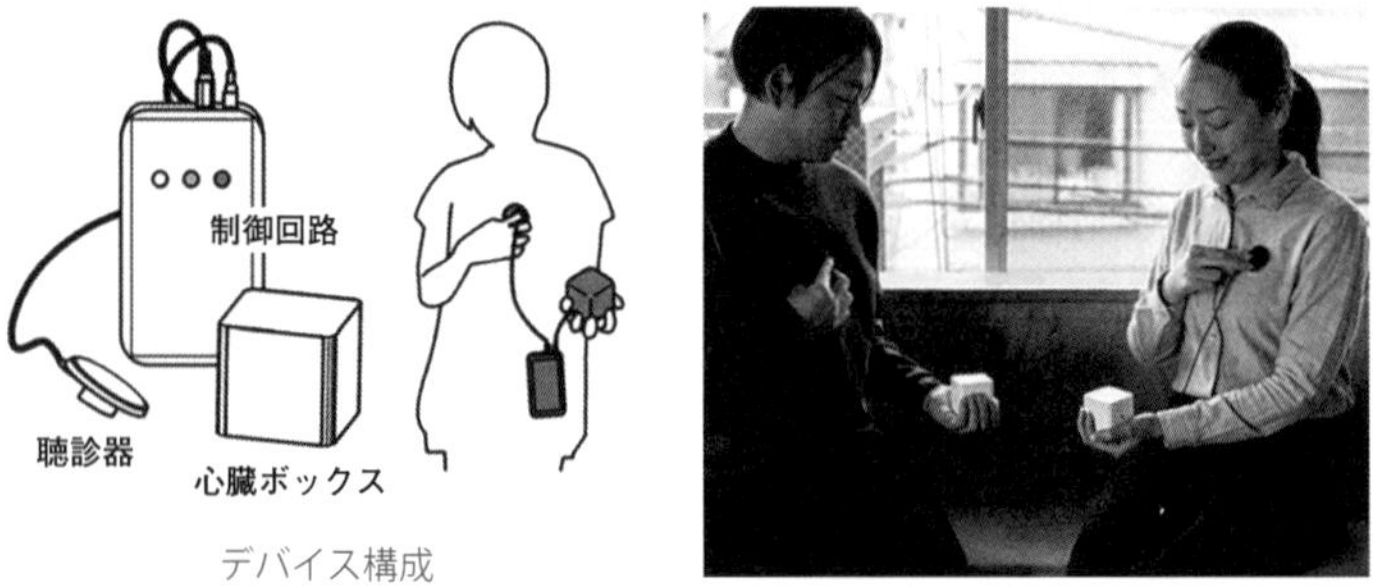

デバイス構成

相手の鼓動を感じとる

渡邊淳司・川口ゆい・坂倉杏介・安藤英由樹
日本バーチャルリアリティ学会論文誌16(3)(2011)

図2　鼓動を触覚で感じるワークショップ「心臓ピクニック」

まり**道具的価値**で人を捉える関わりではなく、その人が**存在していること自体の価値**、つまり**内在的価値**（Intrinsic Value）を受け入れ、感じ合うようなコミュニケーションなのではないかと感じています。

触覚の伝送――身体を通した環世界の「翻訳」

渡邊　もう一つ、触覚を遠隔へ伝送する試みを紹介させてください。モニター越しに相手と対面しながら、目の前の机を叩くと、遠隔の相手の机も振動するというシステムがあります。振動を通じて相手の動きを感じることができますし、振動を使った新しいゲームなど、遠隔の人との新しい共同行為が生まれました。

さらにこの試みを発展させ、調理の振動を伝送する実験も行ないました（**図3**）。プロの料理人の方が、まな板の上でリズムよくトントンと食材を切る振動を記録し、別の人がその振動を感じるというもので、いわば振動による技能の伝播です。私は恥ずかしながら料理はほとんどできなくて、それまでは包丁でどう食材を切るのかイメージすら湧かなかったのですが、プロの振動を感じたあとは、なんだか自然と手が動いてしまう、プロのリズムが自分の身体で再生されているような不思議な感覚を感じました。

伊藤　それは非常に面白いですね。

渡邊　冒頭に澤田社長から環世界という言葉がありましたが、環世界というのは、それぞれの生命体ごとの感覚と身体を通じて環境へ働きかける「閉じた」系のことですよね。この調理の振動体験で感じたのは、身体のちがいも含め、それぞれの環世界は閉じているから、そのまま「つなぐ」ことで技能を伝えることはできない。けれども、そのリズムが別の人の身体を通して再生されることで、その人の環世界に合わせたかたちで「翻訳」されることはあり得るのではないかということでした。この翻訳による新たな感覚や技能の発見はその人の喜びとな

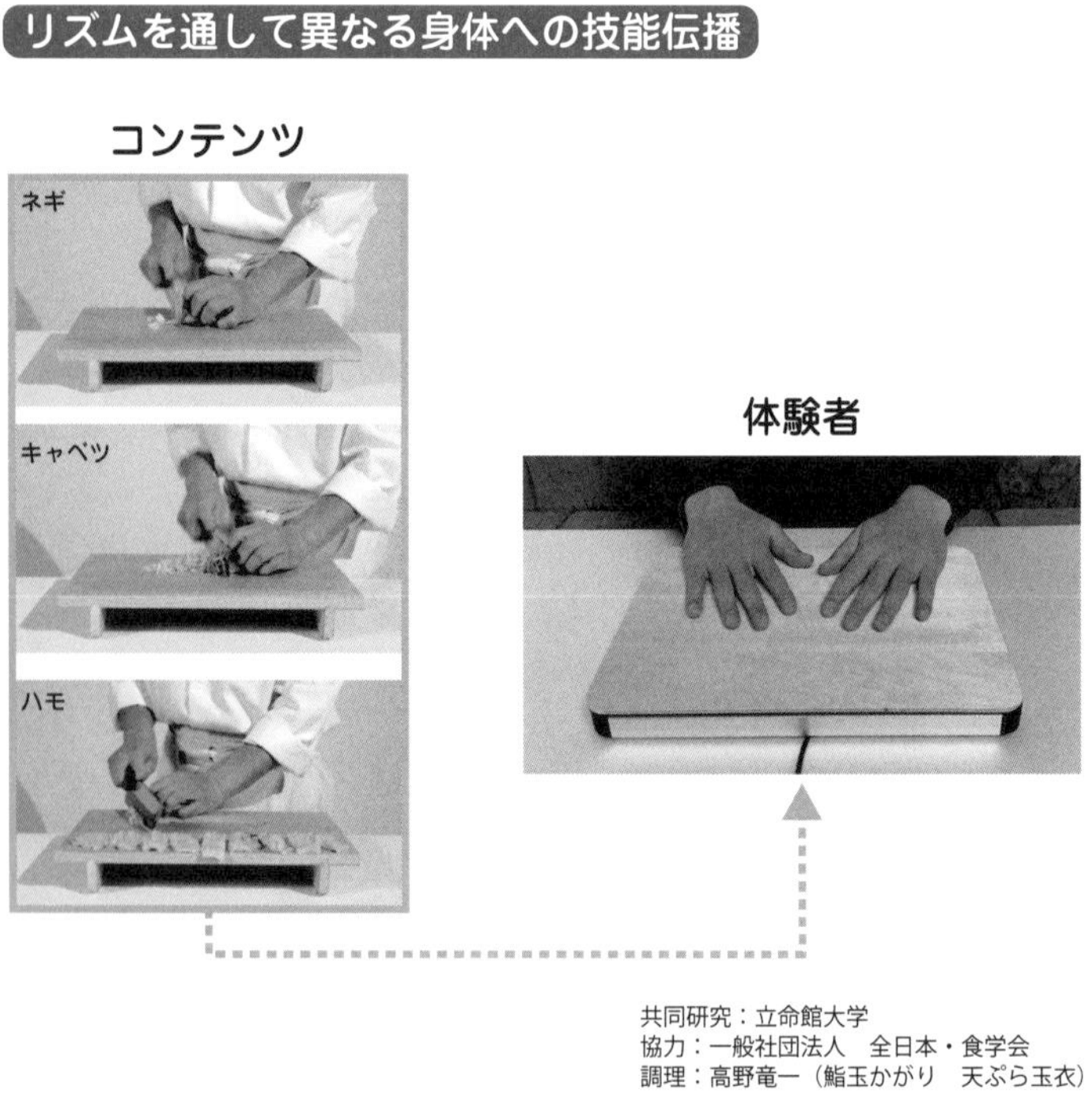

共同研究：立命館大学
協力：一般社団法人　全日本・食学会
調理：高野竜一（鮨玉かがり　天ぷら玉衣）

図3　調理の振動を感じる体験

ります し、相手への身体的な感情移入へつながると感じました。この身体を通した環世界の翻訳は、環世界は直接的には「つなぐことができない」ということに対する別のアプローチになり得るのかなと思いました。

まとめますと、先ほどの内在的価値というのはそれぞれの環世界を大事にするということですし、**お互いの環世界を大事にするためにはダイレクトに「つなぐ」ことをめざすのではなく、環世界を「翻訳」する。そして「翻訳」には身体が重要な役割を果たす**ということですね。

伝わってしまう世界——鼓動は制御できない

伊藤　非常に興味深いお話でした。

触覚を伝えるというときに二つの大事なポイントがあると思うんですね。一つは、**触覚の伝送というのは分節化されていない情報**だということ。言語や数値という情報はデジタル的なもので、どうしても分節化されてしまいます。これらの情報は、操作したり認識したりすることには向いていますが、そのなかで大事なものが落ちてしまって、情報としては貧困になってしまっていると思うんですね。

ところが触覚を送る場合には、情報が分節化されることなく、そのまま送ることができるので、実は非常に情報量が多い。別の言い方をすると、コントロールできないものがそのまま送られているということなのかな、と思うんです。

コントロールできないものまで送るというのは信頼に関わることだと思っています。先ほどの心臓ピクニックで言えば、心臓は誰もが持っているものだけど、自分ではその働きをコントロールできませんよね。その心臓の働きを、触覚を通して送るということは、社会的につくられた人格ではなく、コントロールできない自分をそのまま他者に送ることになる。つまり、その行為自体が、その人の信頼感につながってくると思うのです。

コントロールできないことと信頼がつながっていると言うと、不思議に聞こえるかもしれませんが、**信頼にはコントロールできない部分というのが絶対に必要**なのです。たとえば、人間の顔、表情というのは社会的な文脈のなかで操作することができますよね？「いまこの場面ではちょっといい顔をしておいたほうがいいな」とか、「ハイチーズ！」と言ってカメラを向けられたら、ニッコリするといったように表情をつくることができます。ところが、顔色まではつくることはできません。私たちは、相手の顔を見るときに、表情だけでなく、コントロールできない顔色までを含めて見ているのです。

私たちは、この二つの側面、コントロールできるもの／できないものの両面を通して、相手のことを信じられるかどうか判断しています。そして、コントロールできないものは伝えようとしなくても伝わってしまうというのが人間の面白いところで、伝わっていくものこそが信頼に関わる。いくら能動的に伝えようと表情を変えたところで、それはなかなか信頼にはつながらないでしょう。

そう考えると、先ほどの渡邊さんの心臓ピクニックで伝送される鼓動というのは、100％制御できないものであって、伝わってしまう世界ですよね。そういう意味で、その人の**存在の信頼感につながるテクノロジー**になっているんじゃないかと思いました。

詩の持つ力——「リズム」が内発性を促す

それから、もう一つ環世界を「つなぐ」のではなく、相手の環世界に触れて、自分の環世界に「翻訳する」というお話。やはりちがう身体を持つ人同士をつなごうとすると、どうしても外側から強制的に情報を与えて「つなぐ」ということになってしまうと思うんですね。そうではなくて、自分の内側から身体自体が変わっていくような体験が大切なのだと思いました。

このときのヒントとなるのが、渡邊さんの調理の振動を伝送する実験にあったように、まさに**リズム**なんですね。実は私は学生のときは、フランスの詩人、ポール・ヴァレリー[1]の研究をしていたのですが、ヴァレリーの詩というのは、一見するととても読みづらくて、それこそ一流の料理人のような感じで、最初は自分とはかけ離れた、遠い存在だと感じていました。ところが、何度もヴァレリーの詩を読んでいくうちに自分のなかにリズムが生まれていく。

ヴァレリーという人は20世紀初頭の文学者で、当時の社会の大きな変化——たとえば、超高層ビルや飛行機、広告塔といったような、従来のヒューマンスケールを超えるような新しいものがたくさん出てきて、人々が視覚的にショックを受けるなかで、身体性が失われていくことを危惧していました。そうした時代のなかでヴァレリーは、「もう一度、人間は身体を開発しなければならない」と言っていたのです。つまり、ヴァレリーの詩というのは、もう一度、身体を鍛えるためのツールだった。だからこそ、彼は定型詩しかつくらなかったし、リズムの力で読者の内発性を発掘しようとしたのだと思います。

1［1871―1945］フランスの詩人、小説家、評論家。その活動は詩や小説のみならず、芸術、歴史、哲学、文明批評などさまざまな領域にわたる。フランス・ペンクラブ会長、コレージュ・ド・フランス教授などを歴任。「フランスを代表する知性」と呼ばれた。主な詩集・著作＝『若きパルク』『テスト氏との一夜』『カイエ』『ヴァリエテ』など。

ここで改めて「伝える」とか「つなぐ」ということについて考えてみると、そこにはいくつかのレベルやタイプがあるということが言えると思います。その一つが、渡邊さんがおっしゃった「翻訳」であり、相手から受け取ったものを自分のなかで言い換えて、自分自身が内発的に変わっていくということ。それはコミュニケーションとはちょっとちがうのかもしれませんが、そういった他者とのつながり方がいまこそ求められているのだと感じています。

渡邊 そもそも、コミュニケーションでは、自分の考えていることが「伝わる」とか、相手の考えていることが「わかる」というのは幻想だと言うこともできますね。会話で言葉として発せられるものはそれぞれの思考の一部でしかなく、それ以外にも考えていることはたくさんあるのに、お互いに知ることはできません。**思考や感覚の直接的な伝達が困難だからこそ、リズムを通して自分の身体で再構成する、つまり、「翻訳」することが必要になる**のですね。

そしてもう一つ、心臓ピクニックに対する伊藤さんのコメントにあったように、コントロールできないものを送り合うことは、お互いの信頼につながります。信頼できる相手とのコミュニケーションだからこそ、初めから明確な落としどころを決めなくても、なんとなくやりとりができる。その**ゆらゆらとした揺らぎを許容する信頼や心理的安全性があるから、メッセージが「生成」されていく**んですね。

2 ウェルビーイングをはぐくむもの
――他者の環世界にふれる

多様性とは――パラリンピックが示唆するもの

澤田 お二人ともありがとうございます。おっしゃるように、次世代の情報通信インフラは、環世界同士のコミュニケーションにおいて**「翻訳」**であったり、**「生成」**であったりというものを可能にするようなメディアをめざすべきだということですね。確かにそれは、伊藤先生がおっしゃるように、従来のコミュニケーションよりも広い概念になるのかもしれませんが、個々人、あるいは**生物間の環世界が接点を持つには、たんに外側から強制的につなぐということではなくて、内発的に変わるような何かが必要**だと理解しました。

私自身は、トレードオフという概念をつねに意識しながら、ある境界条件のなかでの最適化をめざした仕事を長年やってきたんですね。それはまさに演繹的な手法であり、ロゴスの世界であり、デジタルの世界でした。しかし、これからは、デジタルの世界を突き詰めながらも、伊藤先生がおっしゃった分節化、すなわちデジタル化によって失われてしまうものまでもすくい取っていくような試みが必要なのだと強く感じています。

デジタルの対義語はアナログですが、そもそもＩＯＷＮの核となるのは光のテクノロジーであり、光の性質そのものが粒（光子）であり波であるという、デジタルとアナログの両面を持ちます。その光でつくりあげていくインフラには、ロゴスとピュシス（自然）の両面を持たせたいし、そのあいだをつなぐものにしたいと考えています。

ちなみに、私はマネージャーになる前から、ロゴスとパトスを大事にしてきて、最終的にはエトスも重要だと思い至るようになったのですが、最近はそれだけでは足りないと思うようになりました。それはまさにピュシスなんですね。ピュシスの持つ矛盾までを内包するようなマネジメント論というのが、これからの時代に求められていくのだろうと思っています。そのヒントも、いまの渡邊さん、伊藤さんのお話のなかにあったように思うのです。つまり、人間は多様であって、その**多様なものを簡単につなごうとすることは、むしろ多様性の排除につながる**のだと感じました。

伊藤　多様性ということに関して言うと、少し前にパラリンピックがありましたよね。とくに興味深かったのがパラ卓球です。ほかの競技の場合、だいたい同程度の障がいの方が競い合うようにランクや種類が分けられているのですが、卓球は全然ちがってい て、たとえば片手のない人と、片足が動かない人といった具合に、まったくちがう身体の条件の人が競い合うんですね。その背景には、そもそもスポーツとは相手の弱点を突くものである、という思想があります。したがって、パラ卓球の場合、相手の弱点をどんどん攻めていくことになります。

たとえば、片手が動かない人が敵になれば、その動かない手の側へガンガン球を打っていく。それこそが、お互いの障がいをリスペクトすることにつながるのです。そもそも、**いくら障がいに応じてカテゴリーに分けたところで、一人ひとりの身体はちがう**ものですよね。オリンピックの場合は、皆が同じ身体を持っていて、ヨーイドンで一斉に走れば、その人のがんばった努力の量を計れるという虚構の上に成り立っていますが、本当はオリンピックだってそれぞれの身体はちがっています。そのちがいにはほとんど目が向けられてきませんでした。

一方、パラリンピックの場合は、むしろ身体のちがいこそが重要で、競技のポイントになっているところがあります。その多様な身体に向き合う姿こそが驚きに満ちていますよね。

澤田　水泳もすごかったですよ。

伊藤　水泳もそうでしたね！

澤田　両手両足のない方の背泳なんて、頭からゴールするわけですからね。片腕のない方の場合は、そのまま手をかくと片方へ歪んでいってしまうので、それをうまくコントロールしながらまっすぐ進むように身体を使っていらっしゃいました。見ているうちに、なんで順位を決めているんだろうと不思議な気持ちになりました。

伊藤　水泳の場合、入場シーンからしてさまざまで、自転車のようなものやソリのようなものに乗って入場する人がいたり。それこそが、それぞれの翻訳の姿なんでしょうね。

森田かずよさんという障がいのあるダンサーが、先生が「こういうポーズをしてください」と言っても、自分にはそれができないから、**「先生のポーズを自分なりに翻訳して、定義し直している」**とおっしゃっていたことがあります。パラリンピックの水泳の選手も同じように、自分にとっての背泳はこれ、といったかたちでそれぞれの身体の条件に合った翻訳を皆さんやっている。その創意工夫に感動するんだと思います。

■関係性を固定することなく柔軟に

伊藤　それからもう一つ、日本のパラリンピック史上最年少の金メダリストになった山田美幸さんがおっしゃっていたことがとても印象に残っています。彼女が水泳を好きな理由として、「水のなかにいると、自分ひとりだけという感じがする」と言っていたんですね。この言葉は、裏を返せば、いかに普段の彼女の生活がまわりの人によって介入されているのか、ということを感じさせました。

その彼女の言葉を聞いたとき、とても考えさせられたんですね。おそらく、多くの障がい者がそうであるように、まわりの人が先まわりして身のまわりのことをやってくれるのでしょう。それはもちろん必要なサポートであり、介助であると思うけれど、そこに窮屈さも感じている。実際に、障がい者の方にお話を聞くと、多くの方が、「障がい者を演じさせられている」とおっしゃるのです。

澤田　主体性を出せることが重要なんでしょうか。自分自身の独立性を保つというか。

伊藤　主体性を出せるということは、言い換えれば失敗してもいいと皆が思ってくれることなんですよね。まわりの人が、障がいを持った人が失敗するとあぶない、などと先まわりで判断してしまって、過剰に手を貸してしまう、ということが起こりがちです。でも、たとえ失敗したとしても、挑戦できれば本人の主体性は保たれるはずです。失敗を許容しないというのは、信頼されていない、ということでもありますよね。こうあるべきという姿に、まわりの人が障がいのある方を当てはめてしまっているのだと思います。

澤田 そうですね。しかし難しいですね。自分もそうですが、障がいのある方を手伝うのが正しい姿だという規範を持っていますから。車椅子の方が段差のある道で苦労されていれば、お手伝いしたくなるし、そうすべきだと思います。そういうサポートはあってもいいように思うけれど、それもお節介になることがあるんでしょうか。

伊藤 もちろん、ご本人が必要とされていたら手を貸すのはとてもいいことだと思います。ただ、人間関係というのはつねに変わっていくほうが健全だと思うのです。つまり、いつもサポートする側/サポートされる側というふうに関係性が固定されてしまうと、上下関係のような感じで、いつもサポートされている側の人はかなりしんどくなってくる。そうではなくて、ちがう場面では、サポートされていた側が先生になったり、上司になったり、相談できる仲間になったりといった具合に、つねに**関係が揺れ動いていれば、気持ちがとても楽になるのではないでしょうか。**そういう柔軟な関係性というのがとても大事なのかなと思いました。

澤田　なるほど。かつてはスポーツの現場というのは標準的なモデルのようなものがあって、それに皆が合わせないといけないという風潮がありました。その一つが連帯責任で、高校の部活などでは、一人が遅れたりすると、連帯責任だからと、「チーム全員で校庭を一周してこい」なんてコーチから言われたりしたものです。まさに昭和の時代ですよね。現在では、個人の主体を活かした関係性の構築や、支援なりケアなりというものができるようになりつつあるように感じます。しかしそれも、固定した関係性だと不自由を感じてしまう、ということですよね。

伊藤　大学教育の現場を見ても、昔は教授が教壇の前に立って、何百人もの学生を前に一方的に講義をするタイプの授業が行なわれていましたよね。私自身、そうした授業を経験してきましたが、いまはそういう一方的な講義は減っていて、双方向なものに変わりつつあります。たとえば、少人数で学生にグループをつくらせてディスカッションをさせるとか、知識のインプットは自宅でやってきて、講義室では演習やディスカッションをするという姿に変わってきているのです。

このように、教える現場を例にとってコミュニケーションを見直すのも面白い試みだと思います。先ほど澤田社長がおっしゃったように、かつてはいわゆる昭和的なスポ根的なもの――外側からひたすらああしなさい、こうしなさいと指示を与えるやり方でなければスポーツの奥義には到達できない、といった風潮がありましたよね。何年も何十年もがんばった人だけが最終的な奥義に到達できるという世界は確かにあるのかもしれませんが、渡邊さんの先ほどの調理の振動の伝送のように、リズムを伝送することで奥義にまでは到達できなくても、現在の自分に可能なかたちで一流の方がやっていることがわかる、ということはあります。そうした取り組みを、テクノロジーや教育の方法で試みることはできるはずです。そこには何の精神論もなく、ただ自らの内側からわかったときの喜びがある。このように教える／教えられるという関係性を問い直すだけでも、コミュニケーションのちがう側面が見えてくる気がしました。

渡邊　うまく言うのが難しいのですが、実際、プロの料理人の方のリズムを感じるうちに、自分でも調理ができる気がしたんです（笑）。外部の美しいリズムが自分のなかで再生されることで、自分が活性化されたというか。これは何なんだろうと感じました。

また、別の木工職人さんとお話をしたのですが、その方は技能伝承について、「技なんて教えられるものじゃない。種だと思って水をやることしかできない。だからこそ、水のやり方を考えたり、時間を待ったりということが大事なんだ」という内容のことをおっしゃっていました。

受け手が意味を生み出す――「生命情報」と「機械情報」

渡邊 実はこれ、**ウェルビーイング**にも通じる話です。ウェルビーイングは英語で**フローリッシュ(Flourish)**という言葉で表現されることがあります(図4)。「花がひらく」、「繁栄する」という意味です。**それぞれの人にとってウェルビーイングとは、人それぞれ固有なもので、時間をかけて自らの行動のなかで生成されていくもの**だということです。どこかから花を持ってきてすげ替えても幸せにはなれず、言うなればウェルビーイングとは、種から自ら芽吹き、花を咲かせてこそ実現できるということです。

先ほど伊藤さんのお話にありましたが、コミュニケーションで一方的に情報を伝達するという関係が固定されると、それはコミュニケーションではなく制御の関係になってしまいます。だから、双方向的な生成のコミュニケーションに目が向けられていると。

ウェルビーイングとは……

自律性	種から芽吹き、生長して、花が咲くように、ウェルビーイングは自分自身の行動によって立ち現れる
個別性	同じ種でも育ち方によって違った花の咲き方をするように、ウェルビーイングのあり方は人それぞれで異なる

図4　ウェルビーイングは“Flourish”とも表現される

西垣通『基礎情報学』（2004）を参考

伝達：機械にとっての情報

「記号伝達」に着目した考え方

- 0と1で表現されたシャノンの定義による情報量
- 「どれだけの事象からひとつの事象が決定されるか」

→ **機械が扱う意味によらない情報（再現のための情報）**

生成：生命にとっての情報

「意味伝達」に着目した考え方

- 「記号から受け手がどのような意味を受けとるか」
- 他者との関わりのなかで生じる価値。受け手によって変化する。

→ **生命の情動・行動に現れる情報（体現のための情報）**

図5　「機械にとっての情報」と「生命にとっての情報」

そして、よく考えると、**伝達における「情報」と生成における「情報」は、異なるものを指している**ように考えられます（図5）。「伝達における情報」は、発信側からどのくらいの量が送られたかに意識が向きがちで、〇〇GB（ギガバイト）と表されるような記号としての側面が重要視されます。機械が伝送し再現するための情報ということで**「機械情報」**と呼ばれたりします。一方、「生成における情報」は、受け手にとっての価値を生み出すものこそが情報であり、まさに生命それぞれの環世界が異なれば、受け取る情報も異なるということで、**「生命情報」**と呼ばれたりします。つまり、いま必要とされているコミュニケーションとは、**「伝える／伝えられる」その量に着目した機械情報ベースのコミュニケーション**ではなく、**環世界の翻訳や身体内部からの変化を引き起こす生命情報を伴うコミュニケーション**ではないでしょうか。

道徳と倫理のちがい――左利きの言い分

澤田 そうした新しいコミュニケーションのあり方を、テクノロジーも含めて考えていかなければなりませんね。たとえば、ヒューマンインターフェースやユーザーインターフェースで工夫できることもあるでしょう。たとえば、コミュニケーションツールというのは、一方的に伝えるのではなく、先ほどの料理のリズムの伝送のように、誰もが見様見真似でできるようなインターフェースを備えていることが重要なんでしょうね。

実は私は左利きなんですよ。子どもの頃は、母や祖母にずいぶん厳しく矯正されたようで、よく泣いていたそうです。結局、いまは箸を持つのは右手、文字を書くのは左手です。ただ、お習字は左手では無理なので右手で書きます。絵を描いたり、ハサミを持つのも右手です。当時は左利き用のハサミなんてなかったですからね。結局、ほとんどすべてのものが右利き用にできているので、それに合わせるしかありませんでした。

共同体のなかでの教育やコミュニケーションというのは、規範をきっちり置いてしまうと、誰かにとってはそれが非常にストレスになることがあります。**右利きの人にとってはまったくなんでもないことが、左利きの人にとってはストレスに感じることがある**のと同じように、健常者の規範に合わせれば、障がい者の方にとってはたいへんストレスになることもあるでしょう。

それにまわりが気づかない、ということも問題なのですよね。以前、私はゴルフをやっていたのですが、若い頃にゴルフを始めたとき、上司や先輩から言われたのが、「澤田君は左利きなら、右の打席で打つといいよ」というアドバイスでした。なぜなら、右で打てば、引腕となるのが利き腕の左になるので上達しやすい、と言うのです。ところが、まったくうまくならない。ある日、気づいたんですよ。それならなんで、右利きの人は左の打席で打たないのか、と(笑)。右利きの人で、左の打席で打つ人は皆無ですよね。先輩たちからしたら他愛のないアドバイスだったのかもしれませんが、それは結局、右利きの人の規範の押しつけだったのだろうと思います。

伊藤　確かに共同体にとって規範とかルールというのはとても大事なものだと思います。でも、ガッチリとルールを決めてしまうといろいろ齟齬が出てくるものですね。

たとえば、視覚障がい者の方も参加しているあるゲームサークルの場合、その日そこに集まったメンバーの顔ぶれを見て、その場でそれぞれの障がいに合わせてルールを変えるということをやっていました。つまり、ルールをつくってゲームをできるようにすること自体がゲームなのです。考えてみれば、子どもの頃なんて、小学3年生のなかに一人だけ1年生が交ざってかけっこをしようとなったら、その子だけゴールに近いところからスタートするとか、ハンディをつけて遊んでいましたよね。そういう態度がとても重要なのだと思います。

私はそれを、**「道徳と倫理」**という言葉に分けて考えてみたことがあるのです。この二つの言葉は、一見、同じような意味に思えますが、明確に異なる側面があります。それは、**道徳というのは絶対的なルール**である、ということ。道徳の授業では、「〇〇しなさい」という絶対的、普遍的な命令として教えられますよね。これに対して倫理は、現実の具体的な状況で人がどうふるまうのかに関わります。つまり、この場面でこの人との関係においてはこう行動するのが正解といった具合に、**その都度、変わる行動規範が倫理**なのです。

最近は道徳が強くなりがちで、とくにSNSでは具体的なそれぞれの状況から切り離されて、道徳による言葉だけが飛び交う場面が増えていますよね。つまり、すべてのケースを道徳的に裁こうとする。でも、実際にはそれぞれの合理性があって、この場合にはそれが一番いい判断だったということもたくさんあるはずです。そのように最近、倫理が抑圧されがちな場面が多く、たいへん気になっています。もちろん道徳は大事ですが、道徳だけではうまくいかないし、そのときに倫理をうまく使っていく柔軟さが必要なのではないでしょうか。

■想定を超える現実には「余白」が必要

渡邊　それは**「余白ある道徳」**ということでもありますね。細かい行動のルールまで決められた道徳がよいかというと、その場合、すべてのシチュエーションを考えないといけなくなるので、現実的には不可能です。一方で、ある程度は決められているけれど、余白が残されている場合、そこにそれぞれの人がコミットすることができればうまくいくでしょう。道徳でカバーできないところを、そこに関連する人たちの対話や共同行為によってうまくやろうということです。その場合、余白に対して人々がコミットできるしくみを整えることが大事ですし、それをテクノロジーなどで補えることもあると思います。

澤田　先ほど伊藤先生がおっしゃった、「道徳と倫理」の定義は非常にわかりやすいですね。そして、渡邊さんがおっしゃったように、それぞれのコミュニティごとに、ここまではちゃんとルールを守ろうねといった共通項を置きながら、いろんなバリエーションを包摂していくようにしくみやテクノロジーで補っていくこともできるでしょうね。

実は、NTTセキュリティというNTTグループが有するセキュリティ専門技術をグローバルに集約したセキュリティの専門会社があるのですが、これをまとめるときに、英国、ドイツ、オーストラリア、米国、スペインと、各国それぞれのローカルがあるということを強く感じたんですね。一緒に皆で食事をすると、それこそそれぞれのローカリティがあって実に面白い。当然、財務にしろ、企業倫理にしろ、共通項はあるけれど、それぞれにローカリティもあって、それが文化なんですね。

結局、このときに実感したのは、7割はローカルのルールでやったほうがうまくいく、ということです。したがって、NTTセキュリティの場合、グローバルでルールを規定した部分は3割でした。それぞれのローカリティに直面したときに、それは妙だから直しなさいというやり方ではなく、それぞれのちがいを包摂するような方法があるはずです。それはまさに、倫理であり、余白ある道徳であり、それぞれのコミュニティに即したグローバル・ローカル、すなわちグローカル、あるいはユニバーサルローカル、といったしくみになるのだろうと思います。さらにはテクノロジーによって実現できる面も大いにあると感じました。

とはいえ、これはなかなか難題ですね。

伊藤　そうですね。現実の具体的な状況に応じて、人がどうふるまうのがいいのかを考えるのはとても難しいことだとは思います。ルール、規範にもいろいろありますし、それが明文化されているのかどうかによってもちがってくるでしょう。ただ、少なくとも目の前に関係者が全員そろっているような状況、それこそ触覚的な関係であればルールを微調整することが可能だと思うのです。小さいコミュニティでは、ルールを柔軟に変え得るという前提を皆が持つことが大事でしょう。そもそも、たいていのことは想像を超えていますからね。先ほどのゴルフのお話もそうですが、右利きの人が考える左利きの人のゴルフではうまくプレーできないように、他者の環世界というのは想像を超えるものです。

澤田　そうですよね。

伊藤 たとえば、私の知り合いに大前光市さんというNHK紅白歌合戦にも出られたプロのダンサーの方がいらっしゃるのですが、この方は片足が義足なんですね。交通事故で左足を失くされて義足をつけられるようになったのですが、興味深いことに、義足にしてから利き足転換が起こったのだそうです。それまでは右足が利き足だったのに、義足であるほうの左足が利き足になったのだという。普通で考えれば、健常であるほうが利き足になりそうなものですが、むしろ、体重をどっしりと支えるのは右足のほうが都合がよくて、細かい作業は義足の左足のほうがやりやすいのだそうです。障がいをきっかけに、一人の人のなかでローカルルールが更新されたわけです。まさに想像を超えるようなことであり、そうした**他者の環世界に対して敬意を払うこと**が大事だという気がします。

3 信頼と余白 ――コントロールできないものを伝える

信頼につながるメディアとは

澤田 先ほど伊藤先生から、自分ではコントロールできないものを伝えることが信頼につながる、というお話がありましたね。これからまさにデジタルツインなのか、あるいはメタヴァースなのか[2]、サイバー空間上のもう一つの現実が大きく発展していくことになるでしょう。そのときに、先ほどの道徳を振りかざす不寛容であるとか、なりすましであるとか、さらにはフェイクといった問題がますます深刻になっていくのではないかと危惧しています。

こうしたさまざまな問題に対して、信頼関係を構築できるようなテクノロジーをどう実現していったらよいとお考えですか？

伊藤　それはすごく難しい問題ですよね。すでにネットワーク上では、国家間の情報戦争も起きていると言われていますし、フェイクなどもどんどん巧妙になっていますから、簡単には解決できない問題だと思います。ただ、現状のテクノロジーであっても、少し視点を変えるだけで、信頼に関わる情報をやり取りできると思うんですね。

たとえば、手の動きというのは、コミュニケーションにとってはとても重要なのです。実は手の動きと顔の動きは、逆のことを表現していることが多いという研究結果があるのです。たとえば、自分がしゃべろうとしているのに、誰かが会話に割り込んできて話題をさらっていってしまったような場合。話題をとられてしまった人というのは、

2 メタ（meta）とユニヴァース（universe）の合成語。ニール・スティーヴンスンの小説『スノウ・クラッシュ』（1992）の仮想世界の名前から、アバターでコミュニケーションを行なう3D仮想空間の通称となった。2021年、フェイスブック社が中核事業をメタヴァースにすると発表、社名も「メタ」と改称したことは大きな話題になった。

相手の話に表面上は同意しているかのように、口では「すごくわかります」とか「面白いですね」なんて言っているんだけど、手は自分の身体を触っていることが多いのだそうです。髪の毛を触りながら、「わかります、本当ですね」と言うと、急に嘘っぽくなりますよね？（笑） 実は自分の言葉に手が反論していることもあるわけです。

そう考えると、現状のオンライン会議のように顔のアップだけを送るのではなく、手の動きまで一緒に送ることができれば、信頼につながるメディアになるのかもしれません。私たちは無意識のうちにフレーミング（枠付け）をしてしまいがちですが、その際に消してしまったものに対して自覚的になるということが一つのポイントになるのだと思います。もちろん、その手の動きも含めてフェイクになってしまったら、騙されてしまいますが。

澤田 確かにそうですよね。サイバー空間でなかったとしても、意識的に手の動きで相手を騙すなんてこともできてしまうかもしれません。渡邊さん、どうしたらいいんでしょう？

渡邊 とても難しいですね。一つ言えるのは、触覚の情報を送る場合、文脈がなければその情報は意味をなさない、ということがあります。つまり、心臓の振動だけが、いきなり知らない人から送られてきたら意味がわかりませんが、逆にそれが自分の好きな人から来たとわかれば、その瞬間にその振動が愛しいものに感じられる。結局、**文脈を伴わない触覚コンテンツに対しては価値づけができない**わけで、フェイクに関しても文脈をどれだけたどれるかというのは重要なポイントになると思います。

澤田　なるほど。確かに、どういうコンテクストに沿ってやり取りが行なわれたのかがわかれば、フェイクや一部だけが切り取られた情報を、ある程度は排除できそうですね。とはいえ、今後、サイバー空間上に擬人化されたものがたくさん出てくると思うのですが、これによって人間側の意識も変化していくでしょうし、いったいこれからどうなっていくのかなという怖さはあります。

渡邊　触覚には、間接触覚と呼ばれる感じ方があります。たとえば、お医者さんの触診のように、お腹の柔らかい組織の向こうに、かたくなったところを探るような感じ方です。触れた表面の向こう側を把握するわけですね。触診的なものの捉え方、まさにいまここで、画面越しに話しているお互いの表情やふるまいの背後に、どのような心の働きがあるのか意識することが大事だと思うんです。そういう**「情報に対する肌触り」**みたいなことを考えていけると、先ほどの文脈やコンテクストの理解にもつながるのだと思います。もっともこれをどうやってテクノロジーに落とし込んでいくのかというのは難しい問題ではあります。

コミュニケーションにおける「騙される価値」

伊藤　もしこのままサイバー空間は信用できないといった警戒心が広まっていってしまうと、**「騙されることの価値」**まで否定されてしまうようで、それこそ怖いことだと思います。だって、私たちは普段の生活のなかで、結構、人に騙されていますよね？「このプロジェクトは面白いから一緒にやろうよ」なんて言われて、それでつい参画してしまうとか（笑）。でも騙されることで物事が動いていくこともあるし、恋愛なんてまさにそうです。誘惑に乗ることに価値があるというか、それがコミュニケーションにとっては結構重要な部分を占めていると思うのです。そういった騙される価値がどんどん刈り取られていくと、人間性にどういう影響をおよぼすのだろうかと怖くなります。

澤田　なるほど、確かにそうですね。恋愛はまさにそうですよね。ずっと魔法にかかっているようなもんですから（笑）。その価値を剥ぎ取られてしまうと人間はどうなるのかという人間性の議論にまで行き着くように思います。今後、メタヴァースなどでサイバー上での土地売買や婚活なども盛んになっていくと思いますが、そうしたときに騙される価値といったものまでどう取り入れていくのか——うまくやらないと、人間性の崩壊につながるのではないかという気がしています。

渡邊　まさに私は伊藤先生に、「こんなプロジェクトがあるんですけど、ご一緒しませんか?」とお誘いすることが多く、騙す側ですね（笑）。それに対して、伊藤先生が不確定なものも含め委ねてくださっている気がするんですね。まかされている以上、私もよりよいものをつくらねばと奮起する。それこそ信頼に関連する話ですね。

■分身ロボットの可能性——存在を感じるコミュニケーション

伊藤　一方で、たとえリモートワールドであっても、騙されることなく意外に伝わってしまうものというのもあると思っています。日本橋に「分身ロボットカフェ DAWN ver.β」というカフェがありますが**（図6）**、ここにはOriHime[3]（オリヒメ）が何体もいて、50名ほどのパイロットがいるのですが、現場で働いている人の中には、誰がパイロットとして操縦しているのかわかる人がいるんだそうです。声を出せばもちろんわかるでしょうが、そうでなくても、手の動きなどに個性が出るのだという。ロボットのかたち

3 株式会社オリィ研究所が開発・提供する「分身ロボット」。カメラ・マイク・スピーカーが搭載されており、インターネットを通して遠隔操作できる。「生活や仕事の環境、入院や身体障害などによる〈移動の制約〉を克服し、〈その場にいる〉ようなコミュニケーションを実現します。学校や会社、あるいは離れた実家など〈移動の制約がなければ行きたい場所〉にOriHimeを置くことで、周囲を見回したり、聞こえてくる会話にリアクションをするなど、あたかも〈その人がその場にいる〉ようなコミュニケーションが可能です」（同社HP）

分身ロボット OriHime

国内外に在住する
50名ほどの
分身ロボット・
パイロットが働く

カフェでは
カフェスタイルの
大型のOriHimeが
接客・給仕を行う。

「分身ロボットカフェ DAWN ver.β」
（東京・日本橋）

写真提供：オリィ研究所

タブレット／PCの画面から
遠隔で操作する。

図6　分身ロボット OriHime

はまったく同じなのに、不思議ですよね。

実は私は、パイロットをしているさえさんという方と、振付家でダンサーの砂連尾理《じゃれおおさむ》さんという方と三人で、OriHimeを使った研究をしているのです。パイロットのさえさんが操縦するOriHimeとともに、散歩をしたり料理をしたりといった行為を通じて、どういうコミュニケーションが生成されるかを調べています。

そのなかで感じるのは、さえさんは外出ができないので、実態としてのさえさんには一度も触れたことがないにもかかわらず、そこに存在を感じる、ということです。さえさんご自身、「どこにも行くことはできないけれど、OriHimeを通じて存在を感じてもらえるのがうれしい」とおっしゃっています。その存在とは何か。科学者が使うべき言葉ではないかもしれませんが、やはりそこには魂が入っているという感じがするんですね。

澤田　私はOriHimeを6〜7年ほど前に初めて見たとき、目から鱗というか、とても驚いたんですね。通信を生業としている者にとって、コミュニケーションというのは双方向性が当たり前だと思っていたのですが、OriHimeの場合、こちらの様子は見えていても、パイロットの状況は見ることができないわけで、非対称ですよね。そういう発想には至らなかったんですね。

それまで、コミュニケーションは双方向性が基本で、片方向のメディアはテレビやラジオのようなまったく一方向のものというパラダイムに囚われていたんだと思います。OriHimeの場合、コミュニケーションのかたちに非対称性があっても、むしろそれが存在を伝えることにつながっているのが非常に興味深い。これは冒頭でお話ししたように、伝達ではなく、生成のコミュニケーションを生む、想像のメディアとしての可能性を示唆しているように思います。

伊藤 双方向的ではないというのは、結構、重要なポイントなのかもしれませんね。これは多様性の話ともつながってくるのですが、分身ロボットには表情がないので、向こうから自分がどう見えているのかは、本当にまるでわからないんですね。たとえば、こちらから何か声をかけたとしても、それを分身ロボットに入っている人がどう捉えたのか、表情が見えないので、すぐにはわかりません。そうすると、つねに想像しなくちゃいけなくて、たぶん、こう思っているだろうとか、こんなふうに言っちゃったけど、もっと別の言い方をしたほうが良かったかなとか、コミュニケーションが非対称性であるからこそ、こちら側にためらいを生むのです。そのためらいを通して、パイロットである相手の方のことをすごく考える。その人の人間性だったり、性格だったり、価値観だったり――ビジュアルが見えないからこそ、いろんなことを想像していく余地が生まれてくるように思います。まさに、**非対称だから生まれる想像の余地が、その人の存在を感じる感覚につながっている**ように思います。

澤田　確かに思いが深くなりますね。自分の内面で存在感が増していくわけですね。

伊藤　この非対称性というのは、亡くなった方との関係にも通じると思うんですね。亡くなった人に対して、生きている人が一方的に思いを馳せたり、亡くなったあとのほうがその人の存在感を身近に感じたりということがありますよね。それこそが死者と生者の関係だと思うのです。実際に、分身ロボットからパイロットが抜ける瞬間というのは、まるで魂が抜け出て死んでしまったように見えるんですね。

澤田　なるほど。

渡邊　実は、冒頭にお話しした「心臓ピクニック」のデバイスは、心臓の拍動を記録することもできます。つまり、その人が目の前からいなくなっても、その人の拍動を感じ続けることができるんです。ところが、電池が切れると、いきなり振動が止まります。その瞬間、喪失感がとても大きいんです。いままで愛おしいと思っていたものが、ただの箱になってしまったような感覚です。それはOriHimeからパイロットが抜け出てしまったときの喪失感と似ているかもしれません。

澤田 そこには触覚として感じているモノとしての愛着もあるでしょうし、その向こう側にいる人と共有している記憶であるとか、思いであるとか、そうしたものがあるからこそ、喪失感につながるのでしょうね。

4 利他とはどういうことか
——多様で動的な関係のネットワークを

■利他を阻むもの——与える／与えられる関係の不自由

澤田 もう一つ、今日はぜひお二人にお伺いしたかったのが、「利他」ということについてです。利他こそが、これからの人間社会や次世代の情報通信インフラを考えるうえでも、非常に重要な概念になってくると思うんですね。利他は、出口康夫先生が提唱されている「Self-as-We」（われわれとしての自己）を実現するカギにもなると思います。

渡邉 まず、社会のなかで他者との関係性は一定の時間幅で考える必要があります。**利他行動には信頼が欠かせませんが、信頼が深いほど他者へ委ねる時間軸が伸びていき**

ます。「面白いプロジェクトを一緒にやりませんか」と言われたときに、「この人の話に乗って、騙されてみるか」と他者へ委ねてみる期間が、一日なのか、一週間なのか、はたまた一年なのか、信頼に合わせて時間が伸びていくと思うんです。ある程度長い時間軸で考えることができれば、利他行動はおのずと引き起こされるのではないでしょうか。

もう一つは、「Self-as-We」と深く関わりますが、利他をゼロサムゲームとして捉えないということです。誰かが良くなったら、自分が悪くなるということではなく、相手も「われわれ」の一部だと考えることができるのなら、相手が良くなることも自分が良くなることと同じ方向性を持っているということになります。

伊藤　利他って、結局、通信の問題なんだと思いました。つまり、利他というのは、通信と同じように誰かが受け取らないと成立しませんよね。**誰かが受け取ったときに、初めてそれが利他的な行動になる**のです。教育の現場などでも、なんとなく言った発言が、人の人生を変えることがあります。実際に、学生から「あの一言が自分の人生を変えました」なんて言われてびっくりすることがあります。受け手がいて、受け取られるということが利他には非常に重要なわけですね。

一方で、渡邊さんがおっしゃったように長期的な視点も非常に重要です。現代では、皆が待てなくなって、短期的な関係性になってきたことで、他者の利他的な行動を受け取れなくなってきていると感じます。ドイツ語では、贈り物を表す「gift」という言葉は毒という意味を持つのです。つまり、与えることは毒を含んでいるという考えがある。なぜなら、与えたら、もらったほうはお返しをしないといけないですよね。その負債がどんどん増えて返せなくなると、上下関係ができてしまう。与えたほうが上で、与えられたほうが支配されるという。**与えるということは、人をコントロールする方法にもなり得る**わけです。現代は、その毒の部分が効いていて、与えられたらすぐに返さなきゃという意識を強く感じている人が増えているのだと思います。

先般、全年代を対象にアンケート調査をやったのですが、若い人のなかに、人から何かをしてもらったときに、それを素直に喜べないと答えている人が多くて驚きました。他人の善意を素直に受け取れないのだという。その理由は、「返さなきゃいけないし、自分は返せない気がするから」というものでした。すぐに返さなきゃいけないというプレッシャーが強いと、究極的には最初から受け取らないほうがいいとなってしまいます。

そこにはもう利他は生まれようもありません。与える人がいても、受け取る人がいなければ、利他は成立しませんからね。すぐに返せなくても、何年か後には返せるかもしれないし、与えてくれた人とは全然ちがう人に返したって本当はいいはずなのに、その人間関係を交換の原理で捉えている。もらった分は返さなきゃと捉えていることが、人と人との関係を苦しいものにしているし、利他というものを阻む一つの大きな原因になっているんじゃないかと思いました。

澤田　なるほど。利他にはそういう難しい側面もあるのですね。

真の利他のために必要なのは余裕

澤田　いま、米国ではマルチステークホルダー論が主流になりつつあり、企業の目的を株主の利益に置くのではなく、持続可能な社会をめざして、すべてのステークホルダーの価値創造に重きを置く新しいガバナンスモデルへと移行しつつあります。これは、そもそも日本の企業にとっては、当たり前の考え方ではあるのですが、いまやそれがグローバルスタンダードになりつつあります。しかしこれも、伊藤先生がご著書のなかで指摘されているように合理的利他主義であり、「利己を求める利他」的な考え方とも言えますよね。日本にも「情けは人の為ならず」という言葉があるように、他人のためにしたことが、めぐって自分に返ってくるという考え方があります。

そういう意味では、企業もお為ごかしではダメなんでしょうね。私自身は、自助共助、つまり自ら努力し、まわりもそれを見てサポートするような姿が良いと思っているのですが。言うなれば、サミュエル・スマイルズ[4]の思想ですね。お二人はどう考えていらっしゃいますか？

伊藤　最近は、企業がＳＤＧｓと言い出したとたんに、それは利己的なんじゃないかと言われてしまう難しい側面がありますね。とくに学生たちと話をすると、真に利他的な会社なのかどうかをちゃんと見分けていると実感します。

やはり、**真に利他的な行動をするためには余裕が必要なのではないでしょうか**。受け取る側にも余裕が必要だし、若い人たちは、この企業は余裕をつくり出しているのかどうかを見ている気がするのです。具体的に言えば、その企業での働き方がそうでしょう。利他というと、企業が対外的に発表するようなＣＳＲ活動のようなものをイメージされると思いますが、むしろそういったものよりも、足元である社員が余裕のある働き方ができ、それによって利他的にふるまえることのほうが信頼に結びつくように思います。そこに、利己ではない本当の利他の姿が見えてくる。そう考えると、そもそも**利己と利他はきっちりと切り分けられない**ものなのだと思います。

4［1812–1904］英国の作家。スコットランド生まれ。著書『自助論（Self-Help）』（1859）は300人以上の欧米人の成功談を集めたもので、江戸幕府から英国に留学した中村正直が『西国立志編』（1871）という題名で邦訳・出版。福澤諭吉『学問のすすめ』などと並ぶベストセラーとなり、明治維新直後の日本人に大きな影響を与えた。

澤田　ありがとうございます。足元の余裕というところは、企業としてがんばらないといけませんね。

ウェルビーイングに関わる最適化と多様化

渡邊　私が組織や集団でのウェルビーイングについて考える際に見る、お気に入りのイラストがあります（**図7**）。経済の世界では、最適な答えにたどり着くためのに、できるだけ可能性を削減して、素早くゴールを見つけることをやってきたと思うんですね。一方で、その最適な道筋の背後にも、多様なつながりが広がっている可能性があります。私は、結果として目の前に見えているものはシンプルな道筋であっても、それが生み出されるプロセスにさまざまな価値や豊かなコンテクストがあることが組織や集団のウェルビーイングにつながるのだと思っています。たとえるなら、星座でしょうか。私たちは星座を見るとき、頭のなかで星と星のあいだに最適な線を引いて見ますよね。ところが、その背景にはもっともっとたくさんの星があって、別の線を引くこともできるはずなんです。こんなふうに、組織や集団のウェルビーイングにとっては、その背後にたくさんの豊かな可能性が広がっていることが重要なんだと思います。

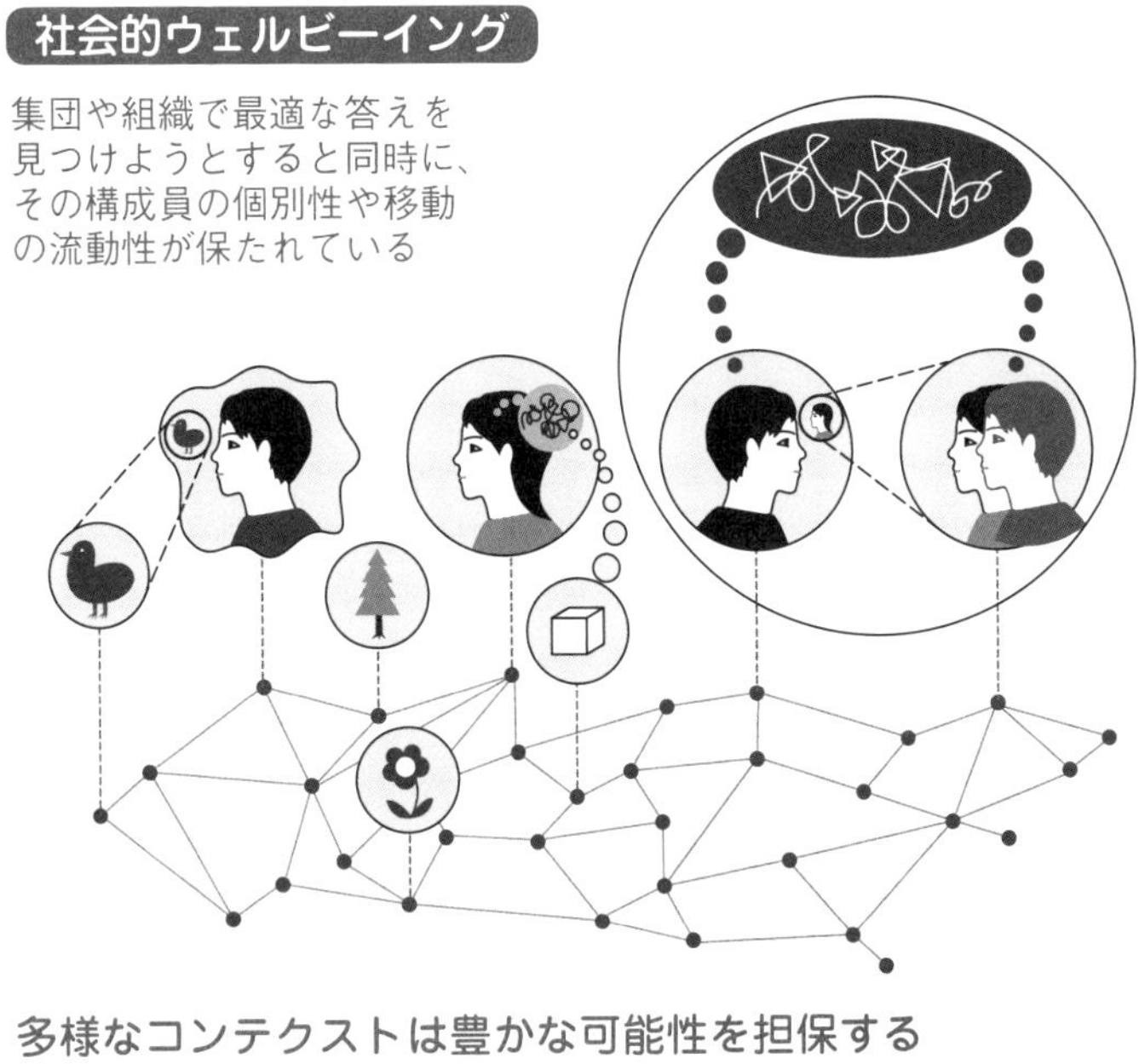
社会的ウェルビーイング
集団や組織で最適な答えを
見つけようとすると同時に、
その構成員の個別性や移動
の流動性が保たれている
多様なコンテクストは豊かな可能性を担保する

図7　渡邊さんは、ウェルビーイング（一人ひとりの多様な幸せ）は、最適化の背後に多様なコンテクストがあることによって実現される、と述べている。

　また、私はいまちょうど、アスリートのウェルビーイングについて議論をしています。アスリートにとってもっとも重要なのは試合に勝つことですが、試合に勝つことに人生が最適化されることがアスリートにとってのウェルビーイングなのか、さらにはそれが最終的にアスリートの能力を引き出すことにつながるのかという問いについて考えています。どちらかというと、日常の生活のなかで多様な体験をし、さまざまなものと触れ合うことが、ウェルビーイングにつながるであろうし、ひいては試合で能力を発揮することにもつながると思っています。もちろん、最適化と多様化は対立するものではないですし、両立できるはずです。

会社などで集団でプロジェクトを進めていくときも、意思決定の際には最適化する必要がありますが、それぞれのメンバーが多様な背景を持ち、さまざまなコンテクストを持ち寄って、お互いを知り合いながら、それぞれがフローリッシュするように関係性の畑を耕していくような取り組みができると、良い結果を生むと実感しています。

澤田　利他であるかどうかの前に、コミュニティにおける多様化を可能にする構造が大事であるということですね。そう考えると、やはり伊藤先生が先ほどおっしゃったように、利己と利他をきっちり分けることなく、それが併存していると捉えたほうが良いのかもしれませんね。そして、送る側も受け取る側も余裕が必要だという。そうなると、余裕がないとどうなるのかという問題も出てきますね。

伊藤　利他という概念に集約されるポイントというのは、結局、生産性ですべてを見ない、ということなんじゃないかと思うのです。現代では、さまざまなことが生産性で測られていますよね。大学の教育なども、数値化が可能な指標をつくって、それによって生産性をカウントしています。ところが、実際は数値化できないことが間接的に生産性に寄与していることもあるし、そういうものがないと生きていけなかったり、コミュニティが維持できなかったりすることもあるわけですよね。

先ほど渡邊さんがおっしゃったように、見えていない背後の可能性とも関係してくると思うのですが、生産性にだけ目を向けていくと結果的に痩せていってしまうように思います。生産性で測れない部分の価値の必要性を言い続けることが重要なのだと思います。

澤田 そういう生産性で測れないものの価値や多様性、背後にある見えない可能性といったものを、ぜひ、大切にしていきたいと思います。もっとも、経営者としてはそういったものを間接的に評価して、説明していく取り組みも必要だとは思っています。

身体は世界を感じるセンサー

澤田 ところで渡邊さん、ぜひ将来のチャレンジとして、触覚をはじめ五感通信の進展をお願いします。もう一つ、その先にある第六感的なもの、記号化できないようなものまで、通信で取り扱えるようにしていただけないでしょうか。

「このままいくとダメだよな、まずいよな」なんていやな予感を感じることがありますよね。そういった予兆を捉えると言ったほうがいいのかな。そのときの気持ち、心を捉えて伝えたいんですね。

渡邊　それは非常に大事なことだと思います。身体は世界を感じるセンサーであり、私たちは自分たちが意識している以上に、さまざまなことを感じています。逆の言い方をすると、**私たちが身体で感じていることのなかで、意識できるものはほんの一部**なんです。

個人的な話ではあるのですが、私が家を出るときに何か後ろ髪を引かれていると感じたときは、たいてい忘れ物をしているんですね（笑）。何かを忘れたのかもしれないと思って家に帰ると、実際にスマートフォンを忘れていたりします。身体が違和感として伝えてくれたものを大事にして、その違和感の正体を後から探っているということです。

澤田　なるほど。年をとると、忘れたことも忘れることがありますよ（笑）。

渡邊　たとえ意識に上らなかったとしても、私たちは感じているものがたくさんあって、そういうものを拾い上げる技術を追求していくというのは面白いと思います。

伊藤　第六感に近いのかもしれませんが、私は最近、天気に興味を持っているんですね。天気に体調が左右される方や、農業や漁業を営んでいらして、仕事自体が天気に左右される方がいらっしゃいますが、そういう方たちが天気とどう付き合っているのか、ということを調査しています。これだけ科学が発達しても、予報が100%当たるわけではありませんからね。

そこでびっくりしたのが、天気の影響を受けやすい人たちの多くが、天気予報をそれほど気にしていないんですよ。細かく天気予報をチェックしているわけではない。そういう方のなかには、フィリピン沖に台風が発生しただけで、体調の変化を感じる人もいるようで、天気予報よりもむしろ自分の感覚のほうがよく当たるということのようです。さらに、気圧が下がったからといって100%体調が変化するわけではないのに、天気予報を見てしまうと、過剰に準備してしまって逆に体調が悪くなってしまうということもあるようです。つまり、**予報と予兆はちがう**んですね。

予報というのは、現在の情報から未来を予測することですよね。一方、天気の影響を受けやすい人は、予兆、前兆を頼りにしていて、未来のほうから投げかけられる声を聞くことで、天気と向き合っている。そこはもう、現在のデジタル的なアプローチのテクノロジーの限界なのかなと思います。この限界がいつ突破されるのかわかりませんが、そこにこそ未来のテクノロジーの面白い問題があるように思います。

澤田　確かにそうですね。それこそ自然から学べということでしょうね。地震の前兆を感じて動物が逃げ出すのもそうかもしれません。あるいは渡り鳥が皆、そろって同じ方向に飛んでいくとき、いかに群れとして意思疎通をしているのか、とか。まだまだ、自然には解明されていないことがたくさんあります。そうしたもののなかにこそ、未来に必要とされるテクノロジーの種があるように感じています。

渡邊　分節化されずに送られる触覚や身体感覚の情報との付き合い方や、複雑なものを複雑なまま受け取ることのできる人間というものを、より深く探究するというのは、未来のテクノロジー開発において非常に重要な取り組みになるのではないでしょうか。

澤田　そうですね。ぜひ、人間の、そしてこの世界の生命すべてにとってのウェルビーイングに資するようなテクノロジーを開発し、新しい情報通信基盤であるＩＯＷＮに活かしていけたらと思っています。本日はありがとうございました。今後も、こうした議論を重ねていけたらと思っていますので、引き続きどうぞよろしくお願いします。

第III部

IOWNゲームチェンジ
不易と流行の〈あいだ〉

1 [過去・現在] インターネットが生んだひずみ

■ NTTの歴史とインターネット、そしてGAFA

平成4年(1992年)7月28日。

当時、NTTの本社は東京の日比谷通り沿いの、鹿鳴館跡地に隣接する場所にありました。この日、本社4階の会議室で、NTTの幹部は初めてインターネットについて紹介を受けました。

プレゼンターを務めたのは、公文俊平教授をはじめ、吉村伸氏、会津泉氏など国際大学グローバルコミュニケーションセンター(GLOCOM)のメンバーで、この分野の第一人者たちでした。

NTT幹部の反応は芳しくありませんでした。

すでにNTTのソフトウェア研究所ではインターネットに関する先端的な研究が行われていたものの、当時、世界の通信事業者のなかでは技術はISDNが主流であったとうえに、電話事業が大半を占める事業構造のなかでは、そのような反応はやむを得ないことでした。

この研究会をNTT側で担当していたのが、私も所属するKプロ——名前の由来は経営戦略、あるいはリーダ名に由来すると言われていた——です。

Kプロでは、電話の次のインフラやサービスはインターネットプロトコルベース＝IPになると想定しており、インターネットかB-ISDNか、ベストエフォートかギャランティか、コネクションレスかコネクションかといった、激しい議論がその後社内で行われ、マルチメディア基本構想、OCN（オープン・コンピュータ・ネットワーク）の提供開始へとつながっていきました。

しかし、周知の通り、この頃から世界は急速に変化していきます。通信分野では、1990年代半ばから2000年代にかけて、インターネットとモバイル通信が著しく発展し、10年ほどで風景は一変することになりました。

NTTはもともと、太平洋戦争後の国土復興、その後の公共の福祉の増進の一環として、電話の普及を推進するため、1952年に電気通信省から公社として設立された組織です。電話という社会インフラの普及がその目的であり、1978年に全国の積滞解消を、翌1979年には全国自動即時化（ダイヤル自動通話化）の目標を達成しました。

この二大目標を達成した後、NTTはネットワークの統合化＝ISDNの実現によるINS構想を掲げます。さらにその後は、VI&P構想、マルチメディア基本構想、レゾナント構想と、時代を先読みしながら将来ビジョンを描いていきました。

その基本にある技術革新とは、まさに情報通信インフラのデジタル化、そしてコンピュータ化です。デジタル化によって、インターネット、モバイル、端末などすべての要素が大きく発展することとなり、現在の情報通信システムの形成へとつながっていきます。言い方を変えれば、それは通信とコンピュータの融合と言えるでしょう。

この間、日本の電気通信市場に競争原理が導入されるのに伴い、NTTは分割されましたが、非対称規制（支配的事業者規制）は継続したままでした。つまり、電話事業の競争構造を基本にした、国内競争を優先する政策がとられてきました。

一方、米国では、同じく通信会社を分割したものの、非対称規制を敷くことはありませんでした。その後、再統合などにより再編が進み、さらにGAFAと呼ばれる巨大プレーヤーが市場を席巻する状況となっています。日本ではGAFAのような事業者が育たなかったことから日本の取り組みの遅れを指摘する意見がありますが、一方、米国においては、台頭した巨人たちにどう対応していくかが現在の大きな課題となっています。いや、もはや世界の課題となっているといって過言ではないでしょう。

■インターネットによるひずみ、「情報恐慌」

昨年、いまは多摩大学情報社会学研究所所長の公文先生と同所長代理の山内康英教授から次のようなお話をいただきました。

社会的にもたらすその成果の大きさから皆が熱狂し、大きな期待が寄せられていたインターネット。インターネットの世界には「智民」が現れ、すばらしい情報社会が構築されると思っていたけれど、そうはならなかった、と。公文先生は、インターネットについて、次の二つの点で大いに失望した、とおっしゃっていました。

一つは「監視資本主義」[1]の台頭と人間性の支配・破壊、そして「新自由主義」の下で急拡大する社会的格差と不平等の問題です。

二つ目は、いままさに私たちが対面している「情報恐慌（インフォデミック）」の問題。従来、社会的均衡は覇権国による勢力と市場経済によって保たれてきましたが、イン

1 Surveillance Capitalism。企業が個人情報を収集することで、消費者の行動を個別に分析し、予測して行動を変容させ、利益を上げる仕組み。ハーバードビジネススクール名誉教授ショシャナ・ズボフが提唱している。歴史上前例のない富、知識、力の集中を特徴とする資本主義の邪悪な変異であるとし、大衆を餌食にする一種の独裁制について言及している。

ターネットのO2Oプラットフォーマーの展開によって、これに第三の均衡を保つものとして「情報均衡」が加わった、というのが公文先生の指摘でした。均衡の破壊を破るものは、覇権戦争であり、経済恐慌であり、そして情報恐慌です。つまり、フェイクニュースやポストトゥルースの大量発生は、社会の均衡を破ることにつながります。そして均衡を回復する、すなわちエントロピーの増大を抑えるためには、それぞれ、国際的な連合＝力の共同供給、貨幣の即時大量供給、そして信頼し得る情報の即時大量供給が必要になります。

公文先生らはこのような認識を示したうえで、私に、次の三つの要望を出されました。①デジタルの夢、光化の夢への一貫した追求、②経営者の主導する自主的な社会的責任の追求、③光コンピューティング・通信技術を駆使したフェイクニュースの点検や信頼し得る情報の生産・流通システムの提供、というきわめて重要な課題です。

まさにこれらの要望に応えていくことこそが、NTTの経営者としての私の使命であると改めて強く感じる機会となりました。

2 ［未来］　次世代のために

IOWN実現への道筋

公文先生からいただいた宿題の①については、IOWNの基盤技術の開発導入を推進することで実現可能であり、すでにオールフォトニクス・ネットワークのユースケースも出始めていて、光電融合素子の開発も順調に進んでいます。

②については、昨今、世界で言われている、企業のマルチステークホルダー論や公益資本主義と等価と言ってよいでしょう。NTTも2021年秋に、環境エネルギービジョンに加え、新しい経営スタイルや人権方針を打ち出し、そしてこれらを包括したサステナビリティ憲章を発表しました。持続可能な社会の構築をめざして努力していく、これをマネジメントの基本方針にして自主的に社会的役割を果たしていきます。

③は、新しいメディア・システムの形成を意味します。そのためには、IOWNに加え、光コンピューティングなどを駆使したマスメディア、オウンドメディア、パーソナ

ルメディアなどが複合化した、ヘテロジニアスなメディア構造の確立が必要になります。その実現には、いましばらくの時間を要することになるでしょう。

この③の実現に欠かせないのが、ＩＯＷＮのデジタルツインコンピューティングの基盤として構想している４Ｄデジタル基盤というソフトウェアプラットフォームです。これは精密な位置情報、時間情報、膨大なデータ蓄積という特徴を有する、いわばサイバー空間の基準点を提供する基盤です。これにより生成・発信された情報の真実性や秘匿性を確保することが可能となり、新しい情報の生産・流通システムが形成できると思われます。

■未来への責任

しかし、その実現までの道程は、けっして容易ではありません。その最大の理由は、私たちの生きている世界が、そして私たち自身が、自然そのものだからです。いま、地球上では、パンデミックやインフォデミックなど、想定外の事象が次々に起きていますが、それもすべて、世界が自然そのもののゆえです。

本書のなかで見てきたように、自然を数値化＝デジタル化し、自然（ピュシス）を論理

（ロゴス）で説明することには限界があります。つまり、現実のありのままを、客観的な立場で観察し描写しようとする自然主義[2]だけでは十分とは言えないでしょう。

私たちは生命をDNAというデジタル記号で描写できたとしても、その発生や死のメカニズムを完全に理解できているわけではありませんし、ましてや心や感覚をデジタル化することなどできません。自然はアナログであり非論理だからです。

現状進められているメタバースやバイオデジタルツインにしても、人間の環世界のなかでの情報処理領域を拡大しようとしているにすぎません。世界には人間以外の生物の環世界が無数にあり、そのすべてを認識し、論理化できているわけではないでしょう。人間はこれからも、別の環世界における情報処理の方法を学び、その処理領域を増やす努力をし続けていかなければならないのです。また、異なる環世界同士のコミュニケーションの実現もめざしていくべきだと思います。

こうした観点に立てば、ＡＩが人間を超えるというシンギュラリティは訪れないし、ＡＩがすべてを統制することもあり得ないと言えます。またそうしていくべきではないのです。未来の社会で、監視資本主義の台頭や情報恐慌による社会破壊をけっして招いてはならない。それが未来の世代への私たちの責任ではないでしょうか。

2 自然をただひとつの実在とみなして、精神現象をも含めて一切の現象を自然の産物と考え、自然科学の方法で説明しようとする立場。

3 ［再び現在］　経済安全保障をめぐって

■ グローバリズムの終焉とデカップリング

つい最近まで、新自由主義に基づくグローバリズムが世界を席巻してきました。この環境下でもっとも恩恵にあずかったのは中国でしょう。もちろん、本来なら私有財産を認めない共産主義と自由民主主義が同じ経済原則で動くことはあり得ません。しかし実際には、多くの企業が中国を自分たちと同じ自由主義国として扱い、製造工場としてサプライチェーンに組み込み、かつ市場として捉えて、グローバルな事業活動を展開してきました。

ところが、新型コロナウイルス感染症によるパンデミックが、その世界を変えました。グローバリズムは人・モノ・金・情報の自由な移動を前提としています。コロナによりこの前提が断ち切られ、世界は分断され、ローカリズムが重要な時代に戻ったと言えます。

そしてさらにいま、中国は権威主義的な統制を強めるなかで、覇権国となる夢を実現しようとしています。そうしたなかでの中国と米国の衝突、デカップリングの発生により、世界は自由民主主義か共産主義かという、フランシス・フクヤマ以前の時代、冷戦の時代に立ち戻ってしまったかのような状況に陥っています。

こうした世界の現状は、ハラリが『ホモ・デウス』のなかで予見した、民主主義の崩壊やＡＩによる全体主義的な監視社会に通じるものがあります。この流れを食い止めるためには、テクノロジーをよりよい社会のために用いていく方向性の確立とともに、自由民主主義に基づく価値観をより世界に広げていくしかありません。

■ 経済安全保障の確立を

はたして、日本はこのような世界の急激な変化に対し、国として自立できる方策を準備しているのでしょうか。まず、安全保障上、エネルギーと食糧の確保がきわめて重要になりますが、これにあわせて重要になるのが雇用です。この30年、世界がグローバリズムへと動く状況では、企業がそれに沿った方策をとるのは自然の流れでしたが、国内的には政府は戦略的にローカリズムを優先する政策をとるべきだったと思われます。今後は、エネルギーなどの安全保障に加えて、サプライチェーンを国内に残すための経済政策や先端技術の保全、新技術の開発推進などに国として注力していく必要があると思います。

失われた20年、そして30年と言われ続けてきましたが、この30年間、日本のGDPはあまり伸びておらず、米国や中国との差に愕然とします。通信業界を見ても、90年代前半のNTTとAT&Tの収入、時価総額はほぼ同じでしたが、いまやAT&Tの時価総額はNTTの2倍です。GAFAに至っては4倍、5倍、あるいは、それ以上にもなります。このままでは、失われた30年が40年と続く可能性もあります。

この原因を技術の衰退や、規制の強さに求める論もありますが、そうしたことだけが理由であるならば、日本もすでに改善してきたはずです。この状況には、より複合的な要因が絡んでいるように思います。すなわち、政策、教育、人事制度、会計制度、金融政策、技術開発力など、社会のあらゆる面が影響しているのではないでしょうか。この停滞は全体戦略に起因する問題であり、法体系、経済理論など、基本的なことがらが時代や環境に適合していないと言わざるを得ません。

とくに問題があると思われるのは日本の「安全保障に対する考え方」であり、さらに安全保障に対する考え方の「世界的な変化」です。

中国は超限戦、さらに智能化戦争と称して、もはや軍事技術で競うことのみが競争ではないと認識しています。この考え方は慧眼と言えるでしょう。世論、情報、法律など、日本が安全保障と認識しない分野、さらにはサイバー空間、宇宙空間までも対象に安全保障戦略を立てています。

このような広範な安全保障力を強化するために必要となる力が、基盤となる経済力です。雇用をつくり、国を繁栄させ、安定させ、防衛力を高め、そして平和を維持する。このために強い経済力は不可欠です。その維持のためには、国内雇用を担保する方策と、国内での新技術の開発が欠かせません。それこそがレジリエントな、持続可能な国家をつくる基本となります。世界は経済ではつながり、その一方でローカルが台頭するグローカルな時代となっています。私たちもグローバルに対応しながらローカルに配意する、パラコンシステントな時代認識を持ち、政策を実行していくべきだと思います。

このまま経済を安全保障の観点から見ることなく、「安全と水はタダ」という世界でも稀な感覚のままでいては、日本が生き残っていくことは難しいでしょう。

現在、政府で議論が始まっている経済安全保障、この基本的な考え方の確立を切に望みます。

4 [現在から未来へ] 今こそゲームチェンジを

■ 不易と流行のあいだで

情報通信技術の発展はめざましく、若者の情報伝達ツールは、電話からポケベル→携帯→メッセージ（SMS）→SNS→動画SNSと、大きく変遷してきました。次を担うのはソーシャルXRやメタバースでしょうか。

ビジネスの世界でもデジタル・トランスフォーメーションの動きは速く、エンジニアもマーケッターも常に勉強し、またある時期にはリスキリングを行わないと時代から取り残される時代を迎えています。人生100年時代と言われるように、今後は教育制度や就業が人生のなかで柔軟に設定されるようになるでしょう。

このことはすなわち、現代は頻繁にゲームチェンジが起こりやすい「流行」の世の中である、ということを意味します。もちろん基本には「不易」（変わらないもの）の部分がありまます。私たちはその変わらない範囲がどこまでなのかを認識し、流行とのつなぎを柔軟に変化させていかなければならないのです。

環世界をつなぐメディアへ

情報通信で言えば、「不易」とは「つなぐこと」です。パラコンシステントな考え方に立つと、見ている主体の数だけ事実があります。これらすべての事実の同時両立のためには、この主体間に生成的なコミュニケーションを生み出し、伝達だけでなく成果をともに創造するツールが必要となります。ＩＯＷＮが担うのは、まさにこの役目になります。すなわち、「環世界と環世界をつなぐメディア」ということです。

ＡＩやＩｏＴの活用、メタバースやデジタルツインの進展、これらを基本とするデータ駆動型社会は、情報量の爆発的な増大をもたらします。しかし、半導体の処理能力は、現在の方式では熱の問題により限界が見えています。また、現状のデータセンターは、あたかも巨大なトースターのようです。それも常に扇風機で冷やし続ける必要のあるトースターです。世界中に、これからもこのトースターが無数に設置されていくとしたら、地球環境問題の解決からはきわめて逆行することになるでしょう。

こうした現状を打破するためには、デジタル化が現在の繁栄を導いたようなリープフロッグ（カエル跳び）ではなく、文字通りのクォンタムリープ（量子跳躍）となるような新たなゲームチェンジが求められているのです。

■新社会インフラ「ＩＯＷＮ」

２０１９年4月、国際ジャーナル『*Nature Photonics*』に、超低消費電力で高速な信号処理が可能な光変調器と光トランジスタに関する論文が掲載されました。これは、ＮＴＴが世界に先駆けて実現したものであり、この発明により、従来の光電融合技術と比べて消費エネルギーが約2桁削減できるようになりました。そして、この世界最小エネルギーで動作する光トランジスタの発明こそが、ＩＯＷＮ構想の源泉となっています。

もともとＮＴＴは、長く光関連の技術を研究してきましたが、公文先生が要望されたように、光はまさに次世代のテクノロジーの基盤となるものと言えます。

ＩＯＷＮは、シリコンフォトニクス技術を活用したオールフォトニクス・ネットワーク（ＡＰＮ）、ネットワークやシステムを相互接続・相互運用するためのソフトウェア群（コグニティブ・ファウンデーション）と現実世界をサイバー空間に転写したデジタルツインから構成されます。

その目標は、125倍の高速大容量、100分の1の低消費電力、200分の1の低遅延性という、まさに量子跳躍とも言うべき革新です。この技術はエレクトロニクスとフォトニクスの融合システムで実現されるものであり、デジタルとアナログのハイブリッド、論理と自然のヘテロな融合と言えます。そしてさらに将来は、「一人一波長」の世界をも実現する、革新的な情報通信インフラへと成長することを期待しています。

2021年現在、すでにAPNの実験が始まっています。まず実施したのは、日本橋にある「分身ロボットカフェ　DAWN ver.β」——身障者の方や外出できない方々が遠隔でコントロールするロボット「OriHime」が接客する株式会社オリィ研究所のカフェです。NTTはこの「OriHime」を5GとIOWNのAPNで接続しています。専用線を敷き、通信を自在に制御することで、遅延を通常の20分の1という、20㎳秒に抑えることに成功しました。これにより「OriHime」をスムースに動かすことができ、オペレータにも好評を博しました。

eスポーツの世界では、HDMI情報とUSB情報をAPNで直接送る方式を試作し、数ミリ秒の遅延という水準を実現しています。さらに、要望に応じて1㎳秒で遅延を調整できるシステムを開発しました。今後は遅延のないネットワークにより、eスポーツの発展にさらに貢献していきたいと考えています。

核融合実験炉「ITER（イーター）」については、2025年ファーストプラズマの計測用ネットワークに、IOWN技術の高速低遅延技術が採用されることとなり、すでに開発に入っています。夢の発電技術と言われるクリーンな核融合発電に、日本発、NTT発の技術が使われることは、きわめて重要なことであると認識しています。

さらにAPNは、エンドツーエンドで光化されるので、ネットワーク全体に量子暗号を適用することが可能となります。すでに、量子鍵配送に耐量子計算機暗号（量子コンピュータでも解けない暗号）を加えた装置を試作し、世界に先駆けて次世代ネットワークのセキュリティシステムを開発しています。このように、IOWN実現に向け、着実に歩み続けているところです。

5 ［未来］ ウェルビーイングをめざして

新しいスープラを

2019年夏、共同研究の初めての打ち合わせの席で、本書の鼎談にもご登場いただいた京都大学の出口康夫先生は、IOWNが新しい社会インフラになるという認識を得て、次のような発言をされました。

「ということは新しい哲学が必要ですね」、と。

メタバース、あるいはセカンドライフ、パラレルワールドなど、今後、実社会に接続されるサイバー空間において、その規範や法体系を何に求めればよいのでしょうか。現状は議論のスタート地点にもついていない状況にありますが、すぐにでも新しいインフラに対する新しいスープラ、新しい規範を構築していく必要があります。そうでなければ、今後、規範のない空間で寡占的な動きが発生し、現在危惧されている監視資本主義がさらに深化していくことになるでしょう。

新しいインフラとは、技術だけでなく、その技術がもたらす成果、結果にも配意したものにしていかなければなりません。そしてそのようなインフラは、まさに国と国民の安全保障に直結する、経済安全保障の最たるものになるはずです。

パラコンシステントという思想

私が考えている未来の社会は持続可能（サステナブル）な社会です。NTTとしても、持続可能な社会に向けた取り組みをさまざまに展開し始めており、世界中の組織や人々がよりよい未来のために努力しています。

一方、現在の社会を見れば、相反する思想、概念、事象、利害などが同時に存在し、視点ごとに異なる現実や意味がそれぞれの環世界を形成して、社会の分断が生じている状況にあります。こうしたなかでNTTは、これらの相反概念や事実を、AかBの二元論で捉えることなく、AもBも同時に存在する＝パラコンシステントな世界であると捉えて、包摂していくことが「持続可能な社会」につながる、と考えています。

パラコンシステントを、私自身は西田哲学でいう「絶対矛盾的自己同一」の思想に近いものと捉えています。そして今後、電気から光への基本技術の転換が起こるにあたり、西洋哲学の二元論と西田哲学のいう自己同一の融合、すなわち東洋と西洋の知恵の融合、新たな哲学の形成が必要な世界になるだろう、と考えています。

ルトガー・ブレグマンは『Humankind　希望の歴史――人類が善き未来をつくるた

めの18章』（文藝春秋、2021年）のなかで、ホッブス性悪説とルソー性善説を対比しながら、今後は性善説を基本とする社会が望ましい、と結論づけました。

はたしてそうでしょうか。良し悪しは別にして、現実はコインの両面のように人間は善であり同時に悪である、と思います。そして利己と利他も同時に存在する。人間は、半ば自分の幸せを、半ば他人の幸せを願うものではないでしょうか。

人間社会がそういう二面性を持つことを認識し、双方へ配意していくことこそが必要であると考えています。

IOWNの中心技術である光もまた二面性を持ちます。光は粒子であり波です。つまりデジタルでありアナログであるという、相反する二つの特性が同時に存在していますす。まさに光もパラコンシステント性を有している存在なのです。

IOWN時代の自己観「Self-as-We」

こうしたパラコンシステントな社会を支える基本理念として、出口康夫先生が提唱する「Self-as-We（われわれとしての自己）」があります。

福岡伸一先生は、本書の対談のなかで、生物において「個が種を超えること」を実現したのは人類だけである、と指摘されました。これはまさに「Self-as-I」の世界でしょう。この考え方は、主体としてのそれぞれの多様性をもたらすことにはつながります。

しかしその結果はどうでしょうか。利己的な考えや利己的なふるまいだけに立脚していては、人間社会は成立しないものです。もとより自然は利他的な存在であり、利己的な種（DNA）も、利他的な世界＝エコシステムのなかでうまく棲み分けています。つまり種を超えた人間は、同時に自然＝利他的でもあるのです。

〈われわれ＝We〉は自然の一部です。そして「Self-as-We」における〈わたし〉は「個」ではなく、〈われわれ〉としての、人、モノ、テクノロジーを含めたあらゆる存在とのつながりのなかに支えられている、と考えるべきです。このつながりである〈われわれ〉を倫理の糸でつなぐことができれば、社会・文化は安定するのではないでしょうか。

なお、この〈われわれ〉には、サイバー空間におけるアバターやオブジェクトも含まれます。そう定義することで、サイバー空間と、そこに接続されている実空間の「情報恐慌（インフォデミック）」を制御することができると考えています。そしてその安定のうえで、〈われわれ〉は、それぞれの〈わたし〉の幸せと他の幸せの共存、利他的共存を可能にする存在となるのです。NTTはこのような基本理念に基づき、自然との共生、文化の共栄、ウェルビーイングの実現を図っていく所存です。

新しい働き方へ

コロナ禍でソーシャルディスタンスが求められたとき、NTTグループをはじめ、多くの企業が在宅勤務を導入しました。過去にはなかなか拡大しなかった在宅勤務でしたが、NTTコミュニケーションズでは在宅比率が90%を超えました。

在宅勤務の円滑な実現のためには、①環境整備（クラウドITシステムとゼロトラストセキュリティ）、②制度の整備（分断勤務等）、③マインドセットの変更が必要だと言われています。NTTコミュニケーションズの成功は、これらの整備を積極的に進めたことにあります。そして、在宅勤務を推進するなかでES（社員満足度）調査を実施したところ、数値が大幅に向上しました。とくに女性のスコアが大きく改善しています。育児、共働き家庭の多い現状に対し、在宅勤務が効果的であったということでしょう。まさにワークインライフ＝健康経営が実現した事例と言えます。

今後、リモートワークを中心にしたスタイルに変え、職住近接を実現していくことは、社員の、家族の、そして社会のウェルビーイングにつながる重要な施策であると考えています。そして職住近接を実現することは、分散して地域に住むということと等価になってきます。

■ 分散ネットワーク国土へ

明治初期の日本の全人口は、いまの3分の1弱の3千5百万人ほどでした。地域には森や、棚田や、里山があり、循環型の地域経済が機能していました。その後の工業化、高度成長を経て、日本は他の先進国以上のスピードで超少子高齢化の時代に突入しており、21世紀半ばには、人口は8千万人台に減少するとの推計もあります。

では移民を拡大すればよいのでしょうか？　生産性の低いままで人口が増えれば、逆にインフラ維持や社会保障に苦しむことになるでしょう。安い労働力を得ることだけを目的とした移民政策は、問題を大きくしかねません。

いま必要なのは、経済においては若干のインフレを基調にしながら、賃金を上げ、DXで生産性を向上することで機能する、ハイプレッシャーエコノミーの実現でしょう。たとえ人口が減っても、それに合わせた持続的な成長をもたらす循環型の経済を地域ごとに実現していく、そういう国土形成プランが必要です。

もはや、人口拡張期に建設したインフラのすべてを維持し、整備することはできそうにありません。むしろコンパクトに、各地域は集約されていくべきで、その風景は昔のように山や川、森がありながら、自動運転車が走り、農業や製造業の現場ではロボットが働く、自然とハイテクが共存した風景になるでしょう。創造と伝統の融合、まさにパラコンシステントな世界です。

このとき、それぞれの地域は、江戸時代の藩と同程度の、分散した300くらいの自治区を形成していくのが自然な姿だと思われます。なぜならそれぞれの地域には、地形、経済、文化など歴史的なものに由来する地勢があるからです。そう考えると、令和の「廃県置藩」が求められるのかもしれません。

そして各地域は、広域光ネットワークと高速交通で結ばれた分散ネットワーク構造を形成していくことになるでしょう。自然、森、文化を大事にし、かつハイテクに支えられた持続可能な国土の姿こそが、日本の望ましい未来の姿ではないでしょうか。

おわりに

企業経営者は今後、事業リスク、コンプライアンスリスクだけでなく、コンダクトリスクも自主的に考慮していく必要があるでしょう。つまり、これまで以上に社会責任を負うということです。日本の発展はもちろんのこと、世界の持続的な成長のために、私たちＮＴＴは不断の努力を続けていきたいと考えています。

ＡＩは深層学習（ディープラーニング）によって飛躍的に進化しました。ただし、「ラーニング＝学ぶ」だけで、考えることはできません。人は主体的に考えることができ、そしてまた責任を持つことができます。

さらなるウェルビーイングを主体的にめざすこと。それが未来に向けての一番の力になると信じています。

本書発刊にあたり、すばらしい対談・鼎談を実施してくださった諸先生の皆さま方に、心より感謝いたします。

これらの対談、鼎談をまとめるにあたり多大なる協力と努力をいただいた制作関係の皆さま、本書の編集・出版に尽力していただいたNTT出版のスタッフ、NTT持株会社の皆さん、とくにコーディネートをしていただいた田井中麻都佳さんに、この場を借りまして心から御礼申し上げます。

そして最後に、いつも私を支えてくれている妻に感謝したいと思います。

2021年12月

NTT代表取締役社長

澤田 純

[著者紹介]
澤田 純（さわだ・じゅん）
日本電信電話株式会社代表取締役社長。
1978年日本電信電話公社に入社。技術開発、サービス開発、法人営業、経営企画等の業務を担当した後、2014年日本電信電話株式会社代表取締役副社長を経て、2018年6月より現職。

パラコンシステント・ワールド
―― 次世代通信IOWNと描く、生命とITの〈あいだ〉

2021年12月24日　初版第1刷発行

著　者　澤田 純

発行者　東 明彦
発行所　NTT出版株式会社
〒108-0023
東京都港区芝浦3-4-1　グランパークタワー
営業担当 TEL 03(5434)1010
FAX 03(5434)0909
編集担当 TEL 03(5434)1001
https://www.nttpub.co.jp

カバーデザイン　山之口正和(OKIKATA)
本文デザイン　山之口正和 ＋ 沢田幸平(OKIKATA)
組　版　株式会社RUHIA
印刷・製本　中央精版印刷株式会社

ISBN 978-4-7571-0400-6 C0034